水利工程
精细化管理

本书编写组◎编著

河海大学出版社
HOHAI UNIVERSITY PRESS
·南京·

图书在版编目(CIP)数据

水利工程精细化管理 / 本书编写组编著. -- 南京：
河海大学出版社，2024.7. -- ISBN 978-7-5630-9109-6

Ⅰ. TV6

中国国家版本馆 CIP 数据核字第 2024XP3911 号

书　　名	水利工程精细化管理	
	SHUILI GONGCHENG JINGXIHUA GUANLI	
书　　号	ISBN 978-7-5630-9109-6	
责任编辑	彭志诚	
特约编辑	薛艳萍	
特约校对	朱阿祥	
装帧设计	徐娟娟	
出版发行	河海大学出版社	
地　　址	南京市西康路 1 号(邮编:210098)	
网　　址	http://www.hhup.com	
电　　话	(025)83737852(总编室)　(025)83787769(编辑室)	
	(025)83722833(营销部)	
经　　销	江苏省新华发行集团有限公司	
排　　版	南京布克文化发展有限公司	
印　　刷	南京工大印务有限公司	
开　　本	787 毫米×1092 毫米　1/16	
印　　张	12.5	
字　　数	255 千字	
版　　次	2024 年 7 月第 1 版	
印　　次	2024 年 7 月第 1 次印刷	
定　　价	79.00 元	

水利工程精细化管理

主　编：张劲松

副主编：郭　宁　高杏根

统　稿：张友明

编　写：郑福寿　罗伯明　周贵宝　陈建明　颜红勤

　　　　周灿华　谈　震　黄天增　赵　勇　沈菊琴

　　　　许　涛　匡　正　耿伟轩　朱增伟

水利工程体系日臻完善,河湖水位、流量甚至流向,从自然状态变得天遂人愿。随之而来的是水利工程运行的时间不断攀升,疲劳运行或者非设计工况下运行时常出现。如何做到水利工程安全运行、高效运行、健康运行,水利工程精密监测、精准调度和精细管理十分重要。这其中精细管理是纲,纲举则目张,本立而道生。

精细管理是需求牵引、实践的产物,经历了从实践到理论再到实践的循环往复。江苏省江都水利工程管理处先行探索,在实践的基础上,形成了一套完整的工程精细管理操作手册,逐步覆盖到泵站、水闸、水库等不同类型的工程。江苏省组织开展水利工程精细化管理专题研究,构建理论体系,进行顶层设计。先后出台水利工程精细化管理指导意见,印发水利工程精细化管理评价办法,出版《江苏水利工程精细化管理丛书》。采取先行先试、典型示范、逐步推广的方法,指导江苏水利工程精细化管理实践。

精细管理是一种先进理念,一种科学方式,也是一种工作精神。贯彻"精、准、细、严"的核心思想,以专业化为前提,系统化为保证,数据化为基础,信息化为手段,加强顶层设计,构建水利工程精细化管理理论体系。本书提出水利工程精细化管理的基本模式、重点任务、实现路径。围绕管理任务、管理标准、管理制度、管理流程、管理评价和管理平台,细化目标任务、明晰工作标准、规范作业流程、健全管理制度、强化考核评价、构建信息平台,形成系统化推进措施。

水利工程精细管理是规范管理的"升级版"、安全运行的"总阀门"，实践证明是行之有效的。江苏追求卓越"工匠精神"，提升工程管理水平，提高工程运行效率，确保安全生产运行，取得了良好的经济效益和社会效益，得到了全国水利行业的广泛好评。

本书从精细化管理理论、实践两个方面，系统梳理精细化管理的科学理论，提出水利工程精细化管理的思路方法和重点任务，构建水利工程精细化管理评价方法及指标体系，总结水利工程精细化管理的做法和成效，探索形成了水利工程精细化管理"江苏样板"。

目录 Contents

第1章

精细化管理理论基础

管理和科技是推动社会进步的两大驱动力。管理学在理论与方法上不断创新和发展，显著提高了社会劳动生产率，推动了人类社会的进步，不断改变着人类的生产与生活方式。管理思想是认识和处理管理问题的观点和思路，而管理理论则是对管理思想深入研究基础上的系统化理论体系。

1.1 经典管理科学理论

1.1.1 西方管理理论的演进

科学先进的管理理论和方法通常是从优秀企业的实践中总结而来。精细化管理来源于工业发展史上逐步形成的科学管理经验与理论总结,如亚当·斯密的"分工理论"、泰勒的"科学管理理论"、戴明的"质量管理理论"、日本的"精益生产思想"以及20世纪70年代以后将多种观念融入生产管理实践而形成的系统论。要彻底理解、系统把握精细化管理的理论基础、演变过程及其内涵特征,首先必须系统梳理西方管理理论的演变过程与发展历史。人类进行有效的管理实践活动,已有数千年的历史。但是,在过去的几百年时间里,管理理论才被系统地加以研究,逐渐成为一种共同的知识体系,成为一门正式学科。

1. 西方管理理论发展脉络

一般认为,管理学形成的标志是19世纪末20世纪初出现的泰勒的科学管理理论。此后,管理学经过不断地发展壮大,已成为百家争鸣、学派纷呈、主张林立的学科。从其发展的历史及内容来看,西方管理理论的发展演变可以划分为五个阶段:早期管理思想、古典管理思想、行为科学管理思想、现代管理思想和当代企业管理思想。了解管理思想演变脉络的意义不仅在于继承管理先知们的管理智慧,更在于在新的管理实践中不断地去发展管理思想。研究精细化管理必须首先梳理西方管理思想的发展脉络,具体见表1-1西方管理理论发展脉络及图1-1西方管理理论的演变。

2. 古代的管理思想

(1) 中世纪前的管理思想

中世纪前,上溯到古埃及,横跨三千年,各种文化对于商业和手工业多有轻视和限

表 1-1　西方管理理论发展脉络

理论流派	时期	典型理论	应用方法
早期管理理论	18世纪产业革命	劳动分工、人事管理	提高劳动生产率、人性化管理
古典管理理论	19世纪末至20世纪初	泰勒的科学管理、一般管理、行政管理、社会组织管理	经验式管理向科学管理转变;计划、组织、指挥、协调与控制五职能,创立管理过程学派;创立组织理论
古典管理理论——行为科学理论	20世纪20至40年代	人文主义管理(霍桑实验)、动机与需求理论、人际关系学说	"社会人"的假设、激励理论:按动机需求激励、X-Y理论、Z理论
现代管理理论——管理理论丛林	20世纪50至70年代	目标管理、质量管理、系统管理、组织管理	六西格玛管理、TQM、运筹学、战略规划与管理理论、学习型组织

续表

理论流派	时期	典型理论	应用方法
当代管理理论——经济全球化	20世纪80年代	标准管理理论、企业文化理论、精益生产理论	波特竞争战略理论、核心竞争力、业务流程再造
	20世纪90年代	资源与能力理论、人力资源管理理论	需求层次理论、人际关系理论、权变理论
	21世纪	精细化管理	"精""准""细""严",流程化、规范化、信息数字化,动态创新能力

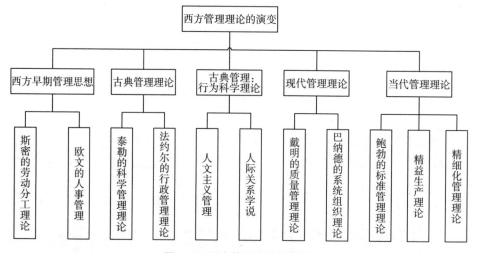

图1-1　西方管理理论的演变

制。前工业化时代的管理,由于文化的落后、经济的不发达,管理活动分散而广泛,对管理的贡献主要集中于宗教、政治、军事和哲学等方面。

古巴比伦颁布的一部由282条法律组成的法典,即著名的《汉谟拉比法典》,对各职业、各层面人员的权、责、利关系进行清晰的定义,是"计件工资制"的雏形,也是已知的人类历史上第一部成文法。

古埃及较早采用了层级管理思想和"管理幅度"原理,运用分权法来管理国家事务。

古希腊文明,包括哲学、神学、文学、建筑与雕刻等等,达到了古代西方社会的高峰,代表人物有苏格拉底、色诺芬、柏拉图、亚里士多德等等,他们是文明的塑造者和构建者。苏格拉底认为管理具有普遍性,无论管理者从事何种企业或组织工作,管理职能都是一致的。柏拉图认为,人的灵魂由理性、意志和欲望构成。

罗马法是欧洲国家法律与法理的基础,分为公法和私法两部分,私法包括民法、万民法和自然法,当今大陆法系是在罗马法基础上形成和发展起来的。罗马法培养了依法管理、遵守制度和约定进而尊重秩序的文明习惯和精神,明确了如何将约定和要求明晰化、客观化的基本技巧。

基督教典籍《圣经》中包含了大量的管理思想和管理理念。如《出埃及记》提出制定法令、选举代表、建立等级、授权管理、各司其职等管理建议,体现了现代管理学中授权原则和例外原则等重要理论。

(2) 中世纪的管理思想

欧洲中世纪是指从西罗马帝国灭亡(476)至文艺复兴的兴起的这一段时间,即公元 5 世纪至公元 15 世纪,这是欧洲的封建时代,其下限可以延伸到 1640 年英国资产阶级革命。

中世纪欧洲社会经济管理的特点体现在:教会管理、农奴制的废除,以庄园经济为代表的封建政治制度。

随着 11 世纪十字军东征的开始与贸易复兴,行会与会计制度出现。行会对于内部的生产数量、产品质量、价格高低、业务范围等都做了精细的约定,从而限制行业内无序和过度竞争,维护整个行业的利益;并且对外保持共同竞争与垄断的态势,形成一定的价格同盟。

15 世纪,威尼斯造船厂的先进管理实践,已经精细地体现在包括分工协作与权力制衡的组织结构、部件标准化流水线作业的生产过程管理、科学的会计制度和人事管理。

16 世纪,意大利政治思想家马基雅维利提出了管理国家的四个原则:群众原则、内聚力、领导方法与生存意志。

1.1.2 精细化管理理论的萌芽

精细化管理融合了行为科学管理思想,注重以人为本,在"经济人"与"社会人"之间寻找平衡,注重非正式组织的作用,在管理中尊重人、关心人,调动人的积极性、创造性,认识到人的有限理性,人存在于社会中,有情感,渴望尊重和相互理解,是一种情感动物。在管理中要关心员工需求,营造良好的工作氛围。精细化管理注重激励员工,从员工的需求出发,给予不同的激励内容、层次,建立有效的激励机制,提高成员的满意度,从而有效地提高劳动效率。

精细化管理理论要求建立完善的责任制度,明确管理过程中工作人员的岗位职责,提高项目工程的整体质量。把安全与质量等管理责任落实到人,有效地解决多头管理问题,明确各个部门的岗位职责,减少推诿、扯皮问题的出现。

西方早期管理思想的萌芽和发展经历了漫长的时间,从中世纪现代管理思想雏形的出现,直到科学管理思想诞生的前夜。其中,尤以产业革命前后的西方管理思想,对资本主义发展产生的影响较为深远。西方早期管理理论中包含了一定的精益思想。

18 世纪 60 年代开始的工业革命,分工十分精细,极大地促进了生产力的发展,引起了社会结构的重大变革与日益分裂。同时,工业革命把劳动力从农村引向城市,开始了城市化进程,使西方世界不仅在技术上还在社会关系上出现了巨大的变化。社会生产组织形式迅速从以家庭为单位的小手工业转向以工厂为单位的大机器生产。

在新的生产组织形式下,效率和效益问题、协作劳动之间的组织和配合问题、人和机器的协调运转问题等,使传统的军队式、教会式管理方式和手段遭遇到前所未有的挑战。为了解决工业革命所带来的一系列管理难题,不少对管理理论的建立和发展具有重大影响的思想家应运而生,其中的代表人物有亚当·斯密、罗伯特·欧文等。

西方早期管理思想为精细化管理的发展奠定了雏形,其中影响较深的是亚当·斯密的劳动分工理论、罗伯特·欧文的人事化管理。

1. 精细化管理思想有劳动分工理论的缩影

劳动分工思想是精细化管理的雏形,为日后管理理论的发展奠定了重要的基础。亚当·斯密(Adam Smith,1723—1790)是英国古典政治学家、经济学家、分工理论的创始人。1776年3月,斯密提出了劳动分工的观点,全面地阐述了劳动分工对提高劳动生产率和推进国民财富增长的巨大作用。斯密的"劳动分工"观点,主要有五方面内容:

(1)分工是提高劳动生产力的主要手段,是导致经济进步的唯一原因。

(2)工场手工业内部分工和社会分工都能提高劳动生产力。

(3)研究了引起劳动分工的原因,以及人的才能差别与分工的关系。"人们的天赋、才能的差异,是起因于习惯、风俗与教育,而不是起因于天性。"

(4)交换对分工有促进作用,分工与市场范围关系密切,交换的发展制约着社会分工的发展,而社会分工的确立又是交换发展的前提条件。

(5)分工所产生的消极后果。分工的进步造成大多数人专业的片面性和职业上的呆滞。

分工理论对管理学理论的发展具有不可低估的影响。马克思在其著作中继承和发展了斯密的分工理论,并形成了马克思主义的分工理论。斯密"分工理论"的核心内涵包括三方面:简单化,将复杂的工作分解成若干个简单的工作,增加个体工作完成量;专业化,依据工作性质、内容、特点匹配专业化的职工,强化熟练程度;效率化,专一化作业,减少工作之间的交替时间损失,提高整体劳动效率。

亚当·斯密指出,劳动分工是经济进步的唯一原因,分工有利于提高工人的熟练程度;分工节约了工作转换的时间;分工有助于工具改进和机器发明。分工不仅极大地提高了劳动生产率,对于发明创造、扩大交易规模与市场范围、改善社会福利等都具有显著的促进作用。斯密的分工观点适应了当时社会对迅速扩大劳动分工以促进工业革命发展的要求。

亚当·斯密劳动分工理论是精细化管理思想的雏形,精细化管理注重细化工作任务,科学设置岗位,做好任务分工,责任落实到人,权责分明,职责明确,使各项工作落实,确保工作顺利展开。

2. 精细化管理理论吸收了欧文的人事管理理论

罗伯特·欧文开创了在企业中重视人的地位和作用的先河,被称为"现代人事管理之父"。欧文所提倡的"人本管理"对现代社会的管理人有着非常重要的借鉴意义。其强调通过注重改善工人生产生活条件,从而提升当地的社会经济状况,主要表现四个方面:

(1) 人事管理理论体现人文主义精神,不把职工当作生产的机器,建立完善的企业人事管理机制,在管理中尊重人、信任人、关怀人,采用各种技术手段,为职工营造良好的工作条件,让职工得到满足感和成就感。

(2) 注重更新管理思想,健全人事管理模式。

(3) 全面优化人才开发与引进管理模式。

(4) 不断完善员工教育培训机制。

亚当·斯密的劳动分工理论、欧文的人事管理理论对精细化管理思想的产生具有重要的意义,是精细化管理理论的先驱。

1.1.3 精细化管理理论的来源与基础

1. 精细化管理理论受古典管理理论影响

20 世纪初,资本主义经济快速发展,社会亟需科学的管理理论来推动社会各领域的发展,寻求更加合理高效的劳动组织优化管理方法,这就形成了古典管理理论诞生的特定时代背景。

古典管理理论的著名学者如亨利·法约尔等,其经验主要来源于 20 世纪初期工业企业的实践,来自弗雷德里克·泰勒的科学管理理论。泰勒(美国)的科学管理理论、法约尔(法国)的欧洲古典管理理论和马克斯·韦伯(德国)的官僚行政组织理论构成了西方古典管理理论或传统管理理论的三大派别,三者都无一例外地强调企业的经济效益和技术效率,虽然提倡劳动分工,但是不重视人的因素,反映出根深蒂固的传统的机械管理模式。其中,泰勒和法约尔的管理理论对精细化管理理论有重大影响。

1) 精细化管理借鉴了泰勒的科学管理理论

20 世纪初,科学管理理论在西方工业国家影响广泛并被普遍推广,其包括一系列关于生产组织合理化和生产作业标准化的科学方法及理论依据,是由美国的弗雷德里克·温斯洛·泰勒(Frederick Winslow Taylor,1856—1915)首先提出的,因此通常也被称作泰勒制(Taylorism)。

泰勒科学管理原理既包含若干相对独立的管理实验,也包含若干相对独立的管理方法、管理技巧、管理原则和思想体系,是一个基于一系列假设的完整系统。美国管理学大师彼得·德鲁克说:"科学管理是一种关于工人和工作系统的哲学。"泰勒的科学管理思想,在管理思想发展史上是一种全面的、划时代的突破和创举。泰勒清晰地认识到了管理职能专业化或专门化的意义,提出的科学管理理论为管理学的形成奠定了基础。效率至上的思想和主张,强化了工业革命以来新的生产方式的目标感和方向感。

科学管理包括了三个基本假设前提：有关人性的经济人假设，基于工作潜力和计件工资制的个人效率假设，劳资合作假设。科学管理两个基本目标是：全面地提高个人的工作效率和工厂的劳动生产率，寻求并制定能够普遍应用的、科学的管理方法和管理标准。科学管理主要有五方面内容：

（1）改进工作方法，并根据工作的要求挑选和培训工人。工人有不同的天赋才能，正确地选择工人担任适当的工作后，还要根据标准的作业方法来集中培训工人，保证受训者能够熟练掌握科学的操作方法，同时提高作业速度和效率。

（2）作业环境与作业条件的标准化。工厂根据作业方法的要求，使工人的作业环境和作业条件(工具、设备、材料等)标准化，改进并形成标准的作业方法，为标准作业方法制定标准作业时间，以提高工效、合理利用工时。

（3）标准化原理。实行工具标准化、操作标准化、劳动动作标准化、劳动环境标准化等标准化管理，使工人使用更有效的工具，采用更有效的工作方法，从而达到提高劳动生产率的目的。

（4）改进分配方法与激励机制，实行差别计件工资制。实行差别计件工资制，采取不同的工资率，未完成定额的按低工资率付给，完成并超过定额的按高工资率付给，以进一步提高劳动生产率。

（5）按工作定额原理，建立计划层，改进生产组织管理。以科学的工作方法，找出标准，制定标准，然后按标准办事。

泰勒的科学管理理论局限性在于思维的视野和研究的领域有些狭窄，主要停留在基层的作业层面上，管理思想并没有扩展到诸如组织、人事、控制、计划等范围。

泰勒的科学管理理论通过对管理过程中的失误、不足和错误加以分析，改进了操作流程和操作方法，提升了管理效率，总结了一套较为科学的管理体系，主要内容包括"为作业挑选'第一流的人'""制定科学的工作方法""实行激励的工资制度"等。科学管理的最大特点就是强调细节标准化，将最优方式作为工作标准。具体实施时，明确的、量化的、科学的工作规范更能增强工程项目相应的执行能力，人们逐渐开始重视细节。

科学管理理论对精细化管理理论的主要贡献在于：

（1）强调运用科学而非经验的方法来研究企业管理活动。

（2）强调建立明确的、量化的工作规范，并且将这种规范标准化。

（3）强调根据工作的标准化规范，对工人进行挑选和培训，提高工作技能，以获得更好的工作业绩。

（4）强调管理者应该为下属的工作业绩负责，要求管理者做好预先的计划，建立明确的工作规范，并且为下属提供相对应的培训。

2）精细化管理基于法约尔的一般管理理论

法约尔是"现代经营管理之父"，所创造和倡导的管理理论，也被称为"管理过程理论",奠定了现代管理学的基础。厄威克在其《管理备要》中说:"法约尔是直到20世纪上半叶为止,欧洲贡献给管理运动的最杰出的人物。"

在泰勒主要围绕生产过程组织的合理化与生产作业方法的标准化进行科学管理研究的同时,法国的亨利·法约尔(Henri Fayol,1841—1925)的一般管理理论指出管理由计划、组织、指挥、协调、控制等一系列工作构成。

组织中不同层次的工作人员都应根据任务的特点,拥有不同程度的六种职能活动的知识和能力,即管理、技术、商业、财务、安全、会计。当时人们注重对技术知识的灌输和技术能力的培训,而普遍忽视了管理教育,主要原因是零散的管理知识和经验没有系统化。因此,要适应企业经营的需要,必须加强管理教育,必须尽快建立"一种得到公认的理论:包括为普遍的经验所验证过的一套原则、规则、方法和程序"。

法约尔根据自己的经验总结了14条管理原则,主要包括劳动分工、权力和责任、纪律、统一指挥、统一领导、个人利益服从整体利益、人员的报酬、集中、等级制度、秩序、公平、人员稳定、首创精神、人员的团结等。

管理原则是在具体的管理活动中被执行的。管理活动包括计划、组织、指挥、协调和控制五个方面管理要素的内容。

(1)计划。计划是管理的一个基本部分,包括预测未来和对未来的行动予以安排,预测是计划的基础。

(2)组织。管理的组织工作包括物的组织和人的组织(或称社会组织)。法约尔主要讨论了人的组织。组织工作包括:选择组织形式,规定各部门的相互关系,选聘、评价和培训工人,等等。

(3)指挥。指挥的任务是让已经建立的企业发挥作用。法约尔认为,指挥是一门艺术,领导者指挥艺术的高低取决于自身的素质和对管理原则的理解两个方面。

(4)协调。协调是一项单独的管理要素,协调就是平衡各种关系。实现组织协调的手段既包括计划的合理制订,也包括会议或其他形式的信息沟通。

(5)控制。控制是保证计划目标得以实现的重要手段,是要证实各项工作是否都与已定计划相符合,是否与下达的指标及已定原则相符合。

法约尔的一般管理理论是西方古典管理思想的重要组成部分,在管理的范畴、管理的原则、管理的要素方面提出了崭新的观点,成为管理过程学派的理论基础,也是以后各种管理理论和管理实践的重要依据。

精细化管理注重管理的全过程。精细化管理注重制订科学的计划,在管理过程中注重组织管理、协调管理,根据工作任务,对资源进行分配,同时控制、激励和协调群体,使之相互融合,从而实现组织目标。同时精细化管理注重控制,控制贯穿于管理过程始终,精细化不是个别环节、个别程序的特殊规定,而是实现事前科学决策、事中有效掌控、事后及时总结提炼升华的全过程精细。

精细化管理过程与法约尔的14条管理原则紧密相连,管理过程中注重劳动分工,职责分明,工作按专业细化,每个岗位的工作人员有着一定的权力,同时承担相应的责任,对自己的工作岗位负责;注重纪律,遵守一定的规章制度,上级领导与下级管理人员有着严格的纪律约束,保证组织活动的有效进行;避免多重领导、多重指挥,保证命令的有效落实;个人要以大局为重,注重集体主义精神,注重首创精神。

精细化管理的创新主要是理念创新、体制创新、机制创新、技术创新、方式创新,追求卓越,并积极重视、支持、鼓励、激励、奖励成员创新成果的传播、推广。

2. 精细化管理理论融合了行为科学管理思想

西方管理学不同历史阶段对人性的假设,大体经历了"工具人""经济人""社会人""自我实现人""复杂人"五个阶段,对应采取的管理模式分别是"强制管理"、"科学管理"、"人本管理"和"权变管理"。

古典管理理论的代表人物泰勒、法约尔等人在不同方面对管理理论的发展做出了卓越贡献,但是未对管理中人的因素和作用给予足够重视。基于这种认识,工人被安排去从事固定的、枯燥的和过分简单的工作,成了"活机器"。从 20 世纪 20 年代美国推行科学管理的实践来看,泰勒制在使生产率大幅度提高的同时,也使工人的劳动变得异常紧张、单调和劳累,因而引起了工人的强烈不满,并导致了工人怠工、罢工以及劳资关系紧张等事件的出现。随着经济的发展和科学的进步,有着较高文化和技术水平的工人逐渐占据了主导地位,体力劳动逐渐让位于脑力劳动,也使得西方的资产阶级意识到单纯用古典管理理论和方法已经不能达到有效控制工人并提高生产率和利润的目的,这使得对新的管理思想、管理理论和管理方法的寻求和探索成为必要。

因此,伴随着人际关系学派管理思想的兴起,科学管理运动逐渐趋向衰落。一些组织结构理论学者通过探索和研究,在 20 世纪 30 年代开始提出了西方行为科学管理理论。

1924 年到 1932 年在美国芝加哥西方电器公司进行的霍桑实验(包括照明实验、福利实验、访谈实验、群体实验),揭示出协调人际关系仍然是工业企业管理方面的薄弱环节。霍桑实验使西方管理思想在经历过早期管理理论和古典管理理论(包括泰勒的科学管理理论、法约尔的一般管理理论和韦伯的行政组织理论)阶段后进入到行为科学管理理论阶段。

1933 年,梅奥对其领导的霍桑实验进行了总结,提出了人际关系学说,该学说主要包括以下三种观点。

(1) 工人是"社会人"而不是"经济人"。梅奥认为,人们的行为并不单纯出自追求金钱的动机,还有社会方面的、心理方面的需要。因此,不能单纯考虑技术和物质条件,而必须首先从社会心理方面考虑合理的组织与管理。

(2) 企业中存在着非正式组织。企业成员在共同工作的过程中,相互间必然产生共同的感情、态度和倾向,形成共同的行为准则和惯例,构成一个"非正式组织",以它独特的感情、规范和倾向,左右着成员的行为。非正式组织不仅存在,而且与正式组织相互依存,对生产率有重大影响。因此,管理必须重视非正式组织的作用,注意在正式组织的效率逻辑与非正式组织的感情逻辑之间保持平衡。

(3) 生产效率的提高主要取决于工人的工作态度。生产效率的提高,关键在于工人的工作态度,即工作士气的提高,而士气的高低则主要取决于工人的满足度,这种满足度首先体现为人际关系,如员工在企业中的地位是否被上司、同事和社会所承认等;其次才是金钱的刺激。员工的满足度越高,士气就越高,生产效率也就越高。

霍桑实验对古典管理理论进行了大胆的突破,第一次把管理研究的重点从工作和物的因素上转到人的因素上来,不仅对古典管理理论做了理论上的修正和补充,还为现代行为科学的发展奠定了基础。

精细化管理,注重加强宣传引导和教育培训,贯彻精细化管理理念和要求,让精细化管理真正变为管理人员的自觉行为,并通过强大的执行力,确保精细化管理工作落到实处、取得实效。

1.2　精细化管理实践总结

1.2.1　古代水利工程及建筑的精细化管理运用

中华民族具有五千年悠久的发展历史,在此过程中保留下来的古代工程和建筑是对中国古代文明的真实反映,是中国古代人民智慧结晶和思想精髓所在,体现了中华民族传统的思想观念。对古代工程建筑管理的研究,有助于厘清我国工程管理发展的脉络,追溯我国现代工程管理思想的起源,同时也为把握工程管理的本质特征、发展现代工程管理理论提供基础支撑。

1.《营造法式》是中国古代工程建筑学精细化典范

《营造法式》由宋将作监奉敕编修,主要记录建筑的各种设计标准、规范和有关材料和施工定额等,以明确房屋建筑的等级制度、建筑的艺术形式及严格的料例功限。北宋绍圣四年(1097 年)诏李诫重新编修,参阅大量文献和旧有的规章制度,收集工匠讲述的各工种操作规程、技术要领及各种建筑物构件的形制、加工方法,终于编成流传至今的这本《营造法式》,于崇宁二年(1103 年)刊行全国。

全书 34 卷,357 篇,3 355 条,分为释名、各作制度、功限、料例和图样五个部分,前面还有"看详"和目录各 1 卷。其中,第 1、2 卷是《总释》和《总例》,对建筑物及构件的名称、条例、术语做一个规范的诠释。第 3 卷是壕寨制度、石作制度。第 4、5 卷是大木作制度。第 6—11 卷是小木作制度。第 12 卷是雕作制度、旋作制度、锯作制度、竹作制度。第 13 卷是瓦作制度、泥作制度。第 14 卷是彩画作制度。第 15 卷是砖作、窑作制度等 13 个工种的制度,并说明如何按照建筑物的等级来选用材料、确定各种构件之间的比例、位置、相互关系。第 16—25 卷规定各工种在各种制度下的构件劳动定额和计算方法。第 26—28 卷规定各工种的用料的定额，和所应达到的质量。第 29—34 卷规定各工种、做法的平面图、断面图、构件详图及各种雕饰与彩画图案。

《营造法式》其现实意义是严格的工料限定与精细的定额管理与成本控制。该书是王安石执政期间制定的各种财政、经济的有关条例之一，以杜绝工程管理中腐败的贪污现象。书中以大量篇幅叙述工限和料例。计算劳动定额，首先按四季日的长短分中工（春、秋）、长工（夏）和短工（冬）。工值以中工为准，长短工各减和增 10%，军工和雇工亦有不同定额。对每一工种的构件，按照等级、大小和质量要求，如运输远近距离、水流的顺流或逆流、加工木材的软硬等，都规定了工值的计算方法。料例部分对于各种材料的消耗都有详尽而具体的定额，为编造预算和施工组织订出严格的标准，便于生产和检查。

2. 中国古代工程的精细化体现

中国古代工程建筑灿烂辉煌，得益于将精细化管理思想运用在其修建过程中的方方面面，长城、苏州园林等中国古代工程建筑集中体现了精细化管理实践。

（1）天人合一、巧夺天工的万里长城

万里长城总长 6 000 多千米，修建执行了严谨的工程计划，实行了严格的分工制管理和工程质量管理。分工制是长城建设在事先确立走向的前提下，分区、分段、分片同时展开，保证工程进度的同步性，体现了有效的分工。对工程所需土石及人力、畜力、材料、联络都安排得井井有条，环环相扣。

长城是沿自然地形因势而建，"天人合一"、顺应自然是成功的关键。"因地形，用险制塞"是修筑长城的一条重要经验。凡是修筑关城隘口，都是选择在两山峡谷之间，或是河流转折之处，或是平川往来必经之地，这样既能控制险要，又可节约人力和材料，以达"一夫当关，万夫莫开"的效果。修筑城堡或烽火台也是选择在险要之处。修筑城墙，充分利用地形，如居庸关、八达岭的长城都是沿着山岭的脊背修筑，有"易守难攻"的效果。明代辽东镇长城有一种叫山险墙、劈山墙，就是利用悬崖陡壁，稍微地把崖壁劈削就成为长城。还有一些地方完全利用危崖绝壁、江河湖泊作为天然屏障。

（2）精致优雅的古代园林艺术

中国园林建筑具有悠久的传统。以沧浪亭、狮子林、拙政园、留园、网师园、怡园等为代表的苏州园林造型精致优雅，集古建筑精华，凝聚了我国古代造园工匠辛勤的劳动和智慧，作为中国园林的代表被列入《世界遗产名录》，成为中华园林文化的标志和骄傲。在有限的内部空间里完美、精细地再现外部世界的空间和结构，园内亭台楼榭，游廊小径蜿蜒其间，内外空间相互渗透，流畅通透。借景与对景的应用，对景物的安排和观赏的位置都有很巧妙的设计，讲究"步移景异"。同时，将中国文学和绘画艺术融入其中，特别受到唐宋文人写意山水画的影响，形成了文人写意山水模拟的典范，实现了文化和艺术的统一，它不仅是历史文化的产物，同时也是中国传统思想文化的载体。在园林厅堂的命名、匾额、楹联、雕刻、装饰、书条石，以及花木寓意、叠石寄情等方面，都融入了极高的诗情画意。

3. 中国古代水利工程的精细化思想传承

吴王夫差筑邗城凿邗沟,凿商(宋)鲁间黄沟运河,沟通泗水与济水;秦始皇在湘桂间开凿灵渠,以通漕运;四川李冰开凿修建都江堰,关中郑国做郑国渠,供灌溉漕运,汉朝开凿槽渠引渭,不胜枚举。中国古代的水利工程在世界工程建筑史上留下了璀璨的光辉。我国自古重农,举凡"水利灌溉、河防疏泛"历代无不列为首要工作。我国古代重大水利工程,尤以广西灵渠、都江堰、大运河为代表,成为古今中外水利史上的奇迹。

(1)完整精巧、连通二江的广西灵渠

灵渠又称湘桂运河,也称兴安运河,在广西兴安县境内,公元前219年至214年兴修,历代有修建,有着"世界古代水利建筑明珠"的美誉。灵渠工程设计巧妙,沟通南北水路运输,与都江堰、郑国渠被誉为"秦代三个伟大水利工程"。

灵渠分大小天平、铧嘴、南北渠、泄水天平、陡门五个部分。大小天平是建于湘江上的拦河滚水坝,汛期洪水可从坝面流入湘江故道,平时可使渠水保持1.5米左右深度。铧嘴筑在分水塘中、大小天平之前,形如犁铧,使湘水"三七分派",北入湘江,南进漓江。铧嘴还可起缓冲水势、保护大坝的作用。南北渠是沟通湘漓二水的通道。泄水天平建于渠道上,可补大小天平之不足,在渠道内二次泄洪,以保渠堤和兴安县城安全。南北渠各建多处陡门(亦称闸门),通过启闭,调节渠内水位,保证船只正常通航。灵渠能够保存到现在,除了结构坚固,还与一代代人的精心管理、维护分不开。1988年,灵渠被批准列为国家重点文物保护单位,如图1-2所示。

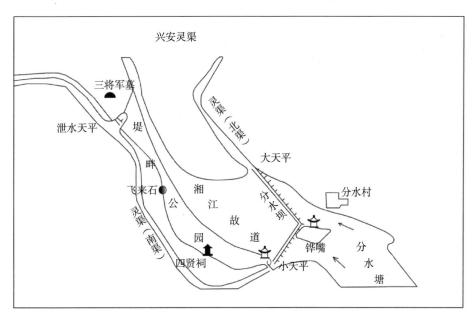

图1-2 灵渠工程示意图

灵渠大坝之所以成为历史上最古老最有科技含量的大型阻水溢洪滚水坝,关键在"水浸松木千年在"。秦人将松木纵横交错排叉式的夯实插放在坝底,其四围再铺以用铸铁件铆住的巨型条石,形成整体。2 000多年来任凭洪水冲刷,大坝巍然屹立。灵渠一些地段滩陡、流急、水浅,航行困难,古人在水流较急或渠水较浅的地方,设立了陡门。灵渠最多时有陡门36座,因此又有"陡河"之称。1986年,世界大坝委员会的专家到灵渠考察,称赞"灵渠是世界古代水利建筑的明珠,陡门是世界船闸之父"。

灵渠的建成,沟通了湘江(长江水系)与漓江(珠江水系),打通了南北水上通道,为秦王朝统一岭南提供了重要的保证。同时促进了中原和岭南经济文化的交流以及民族的融合。即使到了现在,对航运、农田灌溉,仍然起着重要作用。

(2)都江堰堪称古代水利工程精细化设计、施工与运营管理的典范

灌溉成都平原的都江堰水利工程,是世界文化遗产、自然遗产、灌溉工程遗产,前后历经两千二百多年,是我国古代水利工程的稀世珍宝,有防洪、灌溉及航运三利。四川人民世世代代经营都江堰,不竭不休,使都江堰久而愈振,生机蓬勃,润泽天府。都江堰不仅是我国水利史上的伟大成就,也是世界水利史上顺其自然、利用自然的典范。

都江堰在四川成都西侧都江堰市境内。秦蜀郡守李冰在蜀人治水经验的基础上,于成都平原顶点,岷江出山口的江心中"造堋壅水",叠砌分水鱼嘴,把岷江一分为二。"外江"为岷江正流(南江),泄洪排沙;"内江"为灌溉水渠(北江),导水灌田,使成都平原平畴万顷。内江乃傍玉垒山脚人工开凿之渠道,由凿开坚硬岩石所成"宝瓶口"引水,以供航运灌溉之用。宝瓶口上游内外江之间则有"飞沙堰",可以将拦阻在宝瓶口外的过量洪水和沙石泄入外江。

都江堰的建成,使外江成为洪水和沙石的排泄通道,使内江水系范围内的政治经济中心成都不仅解除了旱涝之害,同时又引进水源,满足了灌溉、通航和漂木的需求,是古代综合开发水资源最成功的典范。后魏郦道元《水经注》引南北朝《益州记》说:蜀郡"水旱从人,不知饥馑,沃野千里",时人称为"天府"。见图1-3。

岷江鱼嘴分水工程,以屹立江心的鱼嘴为主,包括百丈堤、杩槎、金刚堤等一整套相互配合的设施。它是通过利用地形精巧地解决内江灌区冬春季枯水期农田用水、人民生活用水的需要和夏秋季洪水期的防涝问题的典型工程。

飞沙堰溢洪排沙工程,位于金刚堤南端,成一低矮的人工沙堤(实为一潜坝),由平水槽、飞沙堰、淘滩标记等组成,作用是控制江水进入宝瓶口的流量,排除进入宝瓶口的泥沙和卵石,保证内江水位始终保持在一定的高度上,以保证成都平原灌溉有足够的水量。李冰制定了"深淘滩、低作堰"的六字治水要诀管理飞沙堰,足以稳定内江河床的横断面和流速,控制进入宝瓶口的江水流量。"深淘滩"是指挖淘内江河床至凤栖窝下的固定标记,"低作堰"是指垒砌飞沙堰堤埂的顶高须低于宝瓶口水则标示的高水位。如图1-4、图1-5所示。

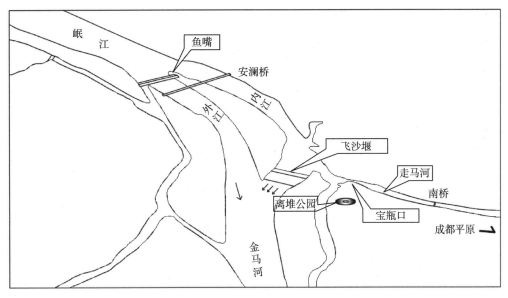

图 1-3　都江堰鱼嘴分水工程形成了恒久巨大的防洪、灌溉效益

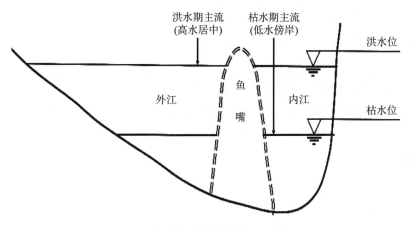

图 1-4　鱼嘴水量精准的"分四六"原理

　　宝瓶口引水工程是凿通玉垒山坚岩后形成的引水通道,其东岸刻有水则,以控制引水流量。无论岷江发生多大洪水,从通道引入的流量始终未超过每秒 700 立方米。宝瓶口与飞沙堰二者的有机组合,共同承担了排洪减灾、保障灌区用水功能,其原理是科学地利用了河流动力的均衡原理。将成都平原历年水情积累的经验、数据刻画水则。设在宝瓶口处的水则标示出飞沙堰堤埂顶高,参考其数据实施控流,组成水则信息反馈系统,用以控制内江的进水量。

　　都江堰精细有效的管理保证了整个工程历经 2 000 多年依然能够发挥重要作用。汉灵帝时设置"都水椽"和"都水长"负责维护堰首工程;蜀汉时,诸葛亮设堰官,并"征

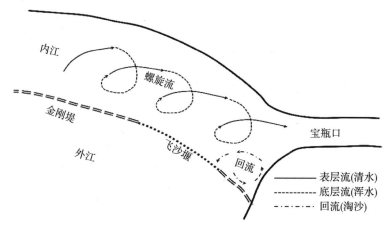

图1-5　宝瓶口"引清排浑"精巧原理

丁千二百人主护"(《水经注·江水》)。各朝以堰首所在地的县令为主管。到宋朝时，制定了施行至今的岁修制度。

都江堰的创建，以充分利用自然资源为人类服务为前提，变害为利，使人、地、水三者高度和谐统一。"乘势利导、因时制宜"是都江堰工程的准则，而"深淘滩，低作堰"是都江堰工程的经验总结和行为准则。鱼嘴分水、飞沙堰泄洪、宝瓶口引水，都江堰水利工程的三大渠首工程首尾呼应、互相配合，保证了防洪、灌溉、水运和社会综合效益的充分发挥。

都江堰工程能够独步千古、历久不衰，其科学奥妙之处，集中反映在三大工程组成完整的大系统，形成无坝限量引水并且在岷江不同水量情况下的分洪除沙、引水灌溉的能力，使成都平原"水旱从人，不知饥馑"。中华人民共和国成立后，又增加了蓄水、暗渠的供水功能，使都江堰工程的科技与社会经济内涵得到了充分的拓展，适应了现代经济发展的需要。

（3）沟通南北的世界遗产——大运河

大运河是中国古代劳动人民创造的一项伟大的水利建筑，为世界上最长的运河，也是世界上开凿最早、规模最大的运河。大运河始建于公元前486年，距今已延续2 500余年，包括隋唐大运河、京杭大运河和浙东大运河三部分，全长2 700公里，地跨北京、天津、河北、山东、河南、安徽、江苏、浙江8个省市，通达海河、黄河、淮河、长江、钱塘江五大水系，是中国古代南北交通的大动脉。

"东西为广，南北为运"。大运河是以人工沟渠连通天然水系，结合人力与自然条件修凿的一条南北向巨大输运航道。开山凿渠，引水通漕，设计巧妙，工程巨大，贯通南北，有灌溉通运两利，基于匠心的施工设计。

隋朝大运河是在605年至610年开凿开通的，共分四段：①通济渠。渭水多沙，深浅不一，行船不便，584年隋文帝下令在渭水南边开通了一条从长安东到潼关入黄河的运河广通渠,长 300 多里。隋大运河全部完工以后,南北的物资可直达长安。605 年,隋炀帝征发"河南、淮北诸郡民前后百余万"开通济渠。早在战国初期,魏国就开凿了鸿沟(引河水循汴水,折南循沙水入颍)。通济渠是在鸿沟和下游的汴河两水基础上,加以疏浚,经今河南开封东南入淮河。②邗沟。春秋时期,吴王夫差下令开通长江和淮河之间的运河,称为邗沟。隋朝时的邗沟,是在春秋时期吴国邗沟的基础上疏浚的,从山阳(今江苏淮安)到江都入长江。③永济渠。608 年,隋炀帝征发河北诸郡壮丁百余万,开永济渠。永济渠从洛阳的黄河北岸,引沁水东流入清河(卫河),经沽水(白河)和桑干河(永定河)到涿郡。④江南运河。610 年,开江南运河,从京口到余杭,"八百余里,广十余丈"。

元代京杭大运河分为通惠河、白河(北运河)、卫河(御河、南运河)、会通河、泗水运道、黄河段(徐州至清江)、淮扬运河(邗沟)、江南运河(包括浙东运河)。明代通州以下河道分为:白漕(北运河)、卫漕、闸漕(山东段)、河漕(黄河段,到清初避黄开中河后取消了"河漕")、湖漕(淮扬运河北段)、江漕(扬州及过长江段)、浙漕(江南运河及浙东运河)。

运河工程建设管理。运河工程技术由都水监总负责,包括设计、审查方案、进度质量控制等(《元史·河渠志》);施工组织由丞相任总指挥,或由中央各部组成临时机构(指挥部)。元代大部分工程的施工队伍由地方派(雇)夫或由军队承担。"令都水监暨漕司官共都其事。"从制度上,对运河工程管理另有专门条款,据《大清会典》记载,山东运河段规定:运河每年十一月初一日筑坝拦河疏浚,次年正月完工;每年一小浚,隔年一大浚。疏浚弃土应于百丈之外。如就近堆在堤上,需层层夯碱。可以在河中筑束水长坝逼溜冲刷,或用刮板、混江龙等工具清淤;两岸济运泉水每年十月以后由主管官吏逐一检查清淘等。

严格的运河维修管理。明代运河除了对闸坝工程要进行检修、加固以外,主要的任务就是挑浚河槽淤塞,对运河挑浚岁工有一系列严格规定。明代对运河维修的分工十分明确,根据《漕河图志》记载:每年九月对运河河槽、沿河的主要淤浅处,都一一划分地段,设置专人负责疏浚,守堤有"堤夫",浚浅有"浅夫"。由于京杭大运河特别是山东河段水源紧张,所以当时对河槽挑浚深度有严格规定,既要能够保证航深,又不能挑浚太深,以免浪费水量。明清各代的岁修岁浚制度,是京杭大运河畅通的基本保证。

运河水源管理。运河工程都以天然水(泉)为水源,有些航段本身就是天然河道,或者稍加渠化,泥沙易进入运渠,淤塞渠道,阻碍通航。同时,天然河流特别是黄河的洪水常常对运道造成破坏,冲决堤岸,冲毁闸坝,淤塞河道。古代对航运工程的管理,主要就是保证运渠的畅通。唐宋时期,汴渠长期以黄河为水源,维持汴渠与黄河交汇处的汴口工程的正常运行,是当时岁修工程的主要任务。为了保证汴渠的正常通航,宋代制定了每年挑浚汴口的制度。在挑浚淤塞的同时,还要修复被洪水冲毁的工程,并且根据当年的河势及主流所在,对汴渠取水口进行适当调整,以保证通航顺畅。

运河水量的控制。对运河水量的控制是确保运行的重要管理,即对闸坝制定严格的管理制度。明刘天和在《问水集》中专门论述了闸河的管理:闸面闸底高低不一,如下闸太低,水满开板则上闸水下流过急,船不容易上去;等船上去,水已干涸,船又难行。闸均培修齐平,使启闭不再泄水。仍各测其深浅,闸底过深的则酌留底板,俱只以12板启闭。旧运船过闸即搁浅,直待积水盈板方抵上闸。现则闸上水加深,非久旱水小均可直达上闸,船行十分便利。黄河冲刷渐宽,下流愈广则愈浅。元人有因水散至以板为岸,逼水行舟。治运者慎勿以其狭而谋为广大。两闸之间须留一稍浅处。方悟中道皆深,下闸一开,上闸水泄,二闸稍远,则积水不易满。凡闸雁翅石及砌岸用石,需内外两面备用完整石块砌筑。中可填以碎石,灌以泥灰,即水道不易冲损。

大运河之兴建,航运灌溉功能主要为"南粮北运""贡赋通漕",不仅解决了北方的民食问题,也巩固了北方的边防。大运河时至今日仍在不断疏浚整建,继续发挥其沟通南北的功能,实为世界运河河工史上的一项伟绩。

4. 工匠精神在古代工程管理中的地位与作用

精细化管理是"工匠精神"的具体体现。"工匠精神"是中国建筑工程的传统,是中国古代管理思想的基本特征。精细化管理的基本特征是"精、准、细、严",即精确的工作目标、准确的工作流程、细致的工作态度、严格的工作要求,这些在古代工程建筑管理中都有充分的体现。

人是创造历史的主体,作为建筑活动主体的人在建筑管理历史中的地位和作用不能被忽视,因为任何建筑活动最终都将落实到生产上,落实到施工行业上。工匠在中国古代建筑工程管理历史中的地位与作用表现在以下三个方面。

(1)工匠精神是中国古代建筑工程管理的核心力量

中国古代大规模的建筑营造虽然在组织上有完善的工官制度,但在具体的施工过程中,从事工程组织与管理的仍然是技术高超的工匠。唐代柳宗元著的《梓人传》中,叙述了都料匠之事(都料匠是技术较高的工匠)。梓人据说"委群材,会众工",指挥执斧者、执锯者工作,若不胜任者会"怒而退之"。这都充分说明了都料匠在施工中的管理地位。

在中国古代,重大工程完工后,统治阶级会针对少数技艺高超的工匠,特许其脱离匠籍,并授以官职。清代建筑专业世家"样式雷",就是由于在施工中展现出了卓越的技术才能,而得到了朝廷的官职。工匠在建筑工程管理中的重要性可见一斑。

(2)工匠精神是传承建筑技术和管理经验的载体

在漫长的历史发展过程中,建筑形式越来越复杂,建筑规模越来越大,工匠在实施营造的过程中势必会传承以往的建筑技术和建筑管理经验。

由于工匠技艺的保守性,出现了以血缘为基础的家族行业。建筑世家经过历代的钻研和总结,大都掌握了一整套精湛的施工工艺,为建筑施工技术和管理经验的继承和发展,做出了重要的贡献。

（3）工匠精神支撑着中国古代相对稳定的建筑管理体系

工匠分为官匠和民匠。官匠劳动主要满足统治者及官僚机构的需要，不计成本，不求利润，只求精细和美观的效果。我国古代的建筑管理有完善的工官体系，但这种建筑管理体系的延续必须有相对稳定的工匠集团作为支撑，地位世袭。

5. 中国古代管理责任制与精细化管理思想

中国古代管理思想在古代工程建筑中的精巧应用，还体现出一种责任到人的精细化管理思想。

中国社会有一项很古老的礼法传统，叫作"物勒工名，以考其诚"，开始只是强制的责任认定，但在漫长的演进过程中，它使一部分优秀工匠的名字脱颖而出，成为获得广泛信任的品牌。当品牌形成之后，拥有这一品牌的工匠就会一改被动的"物勒工名"，而倾向于积极在自己的产品上留下独有的标志。"物勒工名"已成为主动的诚信宣示，为了维持自己的品牌与信誉，工匠会自觉地避免以次充好。

例如，在城墙的砖头上勒刻自己的姓名，就是在执行明王朝强制推行的"质量追溯制"。砖上铭刻的那些名字，其实就是一份对某处工程质量问题负责的责任人名单，体现了一个严密的技术质量监管体系。每一处工程，都有制砖的窑匠、造砖夫与提供劳役的人户来承担建筑质量上的直接责任，由基层组织——里甲的负责人（招甲、甲首）承担担保责任，并且监工的官吏（典史、司吏）也负有连带责任。

1.2.2　其他行业精细化管理的发展状况

精细化管理的思想已经在各个行业都有所普及，精细化的管理方式取得了显而易见的成效，被普遍认可和接受，逐渐成为部分行业提升效率、降低成本、优化资源的重要管理方式。

1. 城市精细化管理的经验

党的十八大以后，国家和城市治理更加注重共建、共治、共享的公平取向和民生取向，带来了总体思路的变迁。党的十八届五中全会提出社会治理精细化的目标，社会治理精细化拓展到了城市治理领域，并着重从信息整合、条块整合和社会资源整合多视角探究城市精细化管理思路。

上海市通过建立管理联动平台、政务信息平台、社会服务管理监督中心，建立社会治理信息数据中心，实现了社会治理信息整合。北京市以云服务聚合城市管理，建立了智慧化大城管。深圳市基于征信体系建设，推动城市精细化管理大数据、智能化管理发展。

典型城市精细化管理实践，提供了一种以公众需求为导向，精细化、个性化和全方位的公共服务覆盖，有助于推动政策精准化。

通过规则明晰和系统建构，将社会治理的各主体纳入社会治理体系，社会组织参与被认为是城市治理精细化的重要依托力量。推进社会治理多元主体协同参与是城市治理精细化的有效路径。

2. 交通运输行业标准化管理模式

交通运输业围绕铁路、公路、水运、民航和邮政物流领域,以政策制度体系为基础,以技术标准体系为核心,以标准国际化体系为窗口,以标准实施监督体系为重点,以标准支撑保障体系为保证,按照行业本身的发展需求,围绕标准化工作的全要素、全过程及其内在联系,全面构建了26个覆盖交通运输主要领域的标准化专业技术组织,凝聚了标准化工作的人才队伍,建立了交通运输业标准化管理体系。

依托加强组织领导、强化人才队伍建设、完善协调推进机制、建立多元化资金渠道以及加强标准化宣传等方式对标准化管理进行保障,以促进各种交通运输方式标准协调衔接和融合发展,实现交通运输治理体系和治理能力现代化,推动交通运输行业转型升级与提质增效,充分发挥标准化对交通运输科学发展的支撑和保障作用。

1.3 精细化管理基本理论

1.3.1 精细化管理核心理论

1. 精细化管理以系统管理理论为支撑

从系统的角度去系统地思考管理问题是从美国职业经理人和管理学家切斯特·巴纳德(Chester Barnard,1886—1961)开始的。作为社会系统学派的创始人,他的代表作是1938年出版的《经理人员的职能》。巴纳德研究了系统的特征及构成要素,总结其具体包括以下三个方面。

(1) 组织是一个协作系统。"组织是两个或两个以上的人有意识协调活动的系统。"组织中的管理人员就是通过改变个人动机来影响他们的行为从而促进组织目标实现的。

(2) 协作系统的三个基本要素。作为正式组织的协作系统,不论其规模大小或级别高低,都包含了三个基本要素,即协作的意愿、共同的目标和信息的沟通。

(3) 经理人员的职能。经理人员在组织中的作用就是在信息沟通系统中作为相互联系的中心,以保证组织的正常运转,实现组织的共同目标。

任何一个实施精细化管理的单位与组织都是一个协作系统。系统管理理论的协作系统三要素,与精细化管理的组织与制度精细化管理、信息系统精细化管理是一一对应的,提供了精细化管理理论支撑。

2. 质量管理理论贯穿了精细化管理全过程

质量管理是组织为使产品满足不断更新的质量要求、使客户满意而开展的计划、组织、实施、控制、审核和改进等所有相关管理活动的总和。

戴明的质量管理理论阐明了企业实施组织转型和管理变革的方式、方法和路线图,通过 PDCA 循环实现对工程项目质量以及相关环节的持续改进与完善,如图 1-6 所示。

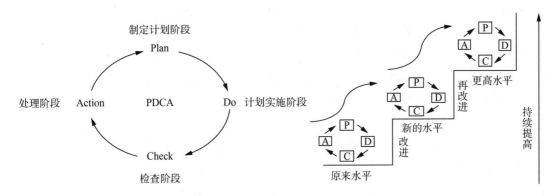

图 1-6　PDCA 循环——计划(plan)、执行(do)、检查(check)、处理(action)

PDCA 循环,包括计划(plan)、执行(do)、检查(check)、处理(action)四个阶段:分析现状,找出存在的问题;分析产生问题的各种原因或影响因素;针对问题的主要因素制定措施,提出行动计划;实施行动计划;评估结果;标准化和进一步推广;提出这一循环尚未解决的问题,开始下一个 PDCA 循环。精细化管理同样注重质量管理,主要从制定计划、实施质量控制、检查评估和方案调整四个方面进行循环。

(1)P 阶段即制定计划阶段

需要结合项目的整个特点及实际情况,对项目实施安全管理目标的构建,对整个项目工程的管理提出活动计划以及具体的项目安全管理实施措施。

(2)D 阶段即计划实施阶段

D 阶段必须对设计目标进行严格执行。针对 P 阶段工作计划,严格按照事前设计的目标及计划执行操作。高效的执行力是项目安全组织完成目标的重要环节,是上述目标能否达成的关键。

(3)C 阶段即检查阶段

确认实施方案是否达到了目标。C 阶段主要是检查 P 阶段设计目标及 D 阶段实施效果的执行情况,检查治理、运行方案是否有效,目标是否完成。并依据检验结果对治理、运行中的问题进行总结分析,把完成情况同目标值进行比较,判定是否达到预定的治理目标。如果对策失败,应重新确定最佳方案。

(4)A 阶段即处理阶段

A 阶段是对以上操作结果的总结与处理,是解决问题、总结经验和吸取教训的阶段,是 PDCA 循环的关键环节。

对治理、运行工程中效果较好的措施及方案进行标准化,制定成工作标准,以便在后续工程中进行更好的执行和推广。该阶段还应修订相关管理标准,包括技术标准和管理制度,并通过积累、沉淀经验,不断提升公司治理及工程管理水平。

　　戴明的质量管理理论对精细化管理理论的主要贡献在于：强调事先的流程和程序设计正确、精细，并不断检查和优化，为员工行为提供精确的指导，保证最终工作的质量；强调体系原因和非体系原因。85%的问题是体系原因所致，要求运用系统分析的方法来分析问题，对于点（岗位）的问题，不能就事论事，要寻求面（系统或体系）的解决。构造良好的系统成为实现组织目标的基本手段和必要条件；重视企业文化和领导的作用。精细化管理强调"管理者应该是多理少管"，两者观点是完全一致的。强调对员工的训练，不仅是知识的培训，更重要的是基于工作岗位所需的技能培训。

　　国际标准化组织（ISO）制定的 ISO9001 标准体系是目前国际上普遍采用的质量管理体系，包括制定质量方针和质量目标、质量计划、质量控制、质量保证和质量改进等活动，加强从设计、生产、检验、销售、使用全过程的质量管理活动，成为组织内部质量工作的要求和流程，并予以制度化、标准化，来指导组织有效地开展各项质量管理活动。

　　3. 精益生产理论

　　20 世纪 80 年代中期，起源于 20 世纪 50 年代丰田汽车公司所创造的精益生产方式，逐渐被欧美企业采用。精益生产（Lean Production，简称 LP 或者 Lean），指以顾客需求为拉动，以消除浪费和快速反应为核心，使企业以最少的投入获取最佳的运作效益和提高对市场的反应速度。目的在于快速实现客户价值增值和企业内部增值，增加企业资金回报率和企业利润率，并提高企业对市场的反应速度。

　　所谓精，也即少而精，使用较低的生产资源与成本，在正确的时间组织生产必需的商品；所谓益，也就是企业生产经营活动都要有成效，具有经济效能。其核心就是精简，通过减少和消除产品开发设计、生产、管理和服务中一切不产生价值的活动（即浪费），缩短对客户的反应周期，快速实现客户价值增值和企业内部增值，增加企业资金回报率和企业利润率。精益生产方式的基本思想可以用一句话来概括，即：Just In Time（JIT），即"旨在需要的时候，按需要的量，生产所需的产品"。因此有些管理专家也称精益生产方式为 JIT 生产方式、准时制生产方式、适时生产方式或看板生产方式。

　　精益生产在实施过程中可以归结为一个基础、三个方面。一个基础是指实施精益生产的准备工作，即采用横向功能小组等团队工作方式，实施 5S 管理和 PDCA 循环进行持续改进；三个方面是指实施过程紧紧围绕设备管理、生产管理以及质量管理展开。即精益生产就是企业在设备管理、生产管理和质量管理中按照 5 个基本原则进行 PDCA 持续改进，使企业能够及时应对顾客不断变化的需求，提供满足顾客要求的产品，从而提高竞争能力。精益生产的 5 个基本原则：精确地确定特定产品的价值；识别出每种产品的价值流；使价值不断地流动；让用户从生产者方面拉动价值；永远追求尽善尽美。

　　精益生产模式对精细化管理理论的主要贡献在于：

　　（1）强调正确的流程才能产生优异的成果。建立明确、稳定、合理的流程，有助于发现问题的根源,实现持续改进以及员工授权。精细化管理强调在明确员工工作流程的基础上向员工授权,这与精益思想是一致的。

(2)强调运用事先的设计来提高工作效率。只有事先考虑到工作的每一个细节,工作才能井井有条。

(3)强调对员工的训练。目的是提高员工工作技能,改善工作态度以及培养员工遵守规则的意识。

(4)提出了一系列具有可操作性的管理工具和管理方法,如看板管理等。

从上述西方精细化管理理论的发展来看,各种理论的核心有所不同。"分工理论"强调工作内容的划分和独立性,"科学管理理论"侧重于工作方式的科学性和标准化,"质量管理理论"强调质量发展、保持以及持续改进的重要性,"精益生产思想"注重优化价值流程。而"系统论"糅合了多种先进理论与方法,强调要建立高效的、运行良好的系统,借助于精细化管理的实践活动,进一步提升了精细化管理的理论高度。

1.3.2 精细化管理内涵与特征

1. 精细化管理的内涵

精细化管理是一种理念、一种文化。它是社会分工的精细化,以及服务质量的精细化对现代管理的必然要求,是建立在常规管理的基础上,并将常规管理引向深入的基本思想和管理模式,是一种以最大限度地减少管理所占用的资源和降低管理成本为主要目标的管理方式。其主要意义就在于它是一种对战略和目标分解细化和落实的过程,是让企业的战略规划能有效贯彻到每个环节并发挥作用的过程,同时也是提升企业整体执行能力的一个重要途径。

精细化管理的内涵包括精华、精髓、精品、精通、精准、精细、精良、精进等,以及细分对象、职能和岗位。"精"是更好、更优,精益求精;"细"是更加具体。具有以下特点:

(1)精细化管理是永无止境的追求过程。精益求精,强调工匠精神,把质量做到极致;细化分解,强调求实精神,是管理标准和要求的具体量化、考核、督促和执行;强调较真精神;管事情,强调要全流程;理人心,强调知情理、平等心。

(2)精细化管理相关理论以标准化管理为基础,一脉相承,互相渗透。

(3)精细化管理相关理论是管理方式的创新,是一种管理创新不断迭代的过程。从组织管理学的角度,可以把精细化管理的主要内涵概括为:团队管理、项目管理、流程管理、资源管理、战略管理。

2. 精细化管理的特征

管理具有长期性、全面性、协调性与创造性的特点。而精细化管理的特征可以简单概括为"精""准""细""严"。

(1)管理特征之"精"(P)

"精"(Precise),核心是指精确的理念、态度和目标,是精心、精湛、精益求精,高效、高质量完成任务。主要体现在以下三个方面。①标的精确：明确各项管理的目标，切中要点，抓住关键环节；②树立典型：选取规律性较强的作业内容，编制作业指导手册，并以此为典型，逐步推介渗透至管理的各个层面；③追求最优目标：坚持精益求精的工作态度，确保各项工作、各个节点得以精确、高效、协同、持续运行。

（2）管理特征之"准"（S）

"准"（Standard），是标准准确、具体，衔接无误。主要体现在以下三个方面。①标准作业：针对各项工作，制定相应的规章制度、管理办法，编制特定的技术要求、作业标准、操作流程，确保各项工作依照规章、流程展开，实现标准作业；②运作准确：构建综合的信息化管理平台，通过信息技术强化全过程控制，确保各项工作准确开展、运作；③任务准时：准时完成各项工作内容，杜绝超时操作。

（3）管理特征之"细"（P）

"细"（Painstaking），强调的是细致的分工操作，注重细节，细化管理，把工作做到位、做细致。主要体现在以下四个方面。①细化规章制度：将精细化管理延伸、拓展至各个工作面，注重打磨各项工作的细节所在，明确、细化各项工作的规章制度、管理办法等，促进精细化管理全面覆盖；②细化工作任务：科学设置岗位，做好任务分工，责任落实到人，使各项工作落细落微，确保工作顺利展开；③细化工作流程：编制工作标准、作业指导书，明确各项工作的标准要求、作业流程、方法步骤等，指导具体工作；④细致的工作态度：保持严谨细致的态度做好每一项工作。在具体的管理过程中，不仅要从思想层面上进行管理意识的更新与发展，还需要相关人员从工作实际出发，推动精细化管理工作的有序进行。

（4）管理特征之"严"（R）

"严"（Realization），注重的是制度严格执行，是严格、严谨、一丝不苟。主要体现在以下三个方面。①严谨制定：严谨制定各项规章制度、管理办法、技术要求、作业标准、操作流程等，为各项工作的顺利展开做好铺垫；②严格遵循：严格遵循各项规章制度、管理办法、技术要求、作业标准、操作流程等，强化各项工作的执行力度，确保各项工作顺利进行；③严格要求：坚持高标准、严要求的工作态度。

1.3.3 精细化管理实施策略

精细化管理是"任务、流程、制度、标准和资源"要素五位一体。实施原则应该体现系统推进、注重细节、科学量化、因地制宜、循序渐进。

1. 专业化为前提

资源是有限的，管理之目的在于使有限的资源发挥最大的效能。专业化发展是精细化发展的前提，而专业化必须做到管理主体内部的产业专业化、管理专业化和资本专业化。

产业专业化是指围绕工艺设计、核心技术乃至服务体系，做好"专"文章；管理的专业化则主要表现在组建高效管理的团队。归核化是多元化发展到一定阶段的产物,归核化发展其实就是集中资本、技术和管理优势,实现专业化发展,步入精细化发展的根本。

专业化是精细化的途径,做专才能做精。而要实行专业化,就要求着眼于长远发展,在管理上下功夫,做长期的耐心细致的工作。

2. 系统化为保证

精细化管理是一项系统工程,一个组织要想实现自己的目标,必须建立一套以目标为导向、以制度做保证、以文化为灵魂的组织系统。

实行精细化管理,就是在一个组织系统内,把工作流程、工作岗位细分成为紧密衔接的单元,在做好每一个单元上下功夫,也就是把小事做细,把细事做透。

精细化管理需要对整体流程体系进行系统设计,整体资源、整体流程进行协调配合,实现资源的最优配置,实现精细化管理全面覆盖,服务于管理效益目标的实现。

3. 标准化为基础

标准化是由 20 世纪初美国工程师泰勒在传统管理基础上首创的一种新的企业管理制度,提出了一种使工业作业标准化、规范化,可以提高生产效率的管理方法。

标准化更多是统一化、模块化和通用化,特点是流程可复制,为了保证发展所必需的秩序和效率,系统会针对功能或其他特性,确定适合于一定时期和条件的一致规范。

推进精细化管理首先是建立完善的涵盖技术标准、工作标准、管理标准的标准化体系,不仅有设施状态、操作手册,还要有制度标准、管理行为规范乃至档案资料格式等,使得各项工作标准准确、依据明确。

4. 信息化为手段

信息化来源于计算机技术与现代通信技术,它在管理中的应用促进了决策与调度的高效化、沟通与控制的实时化、存储与检索的条理化等。

信息化是精细化管理的重要手段。要贯彻精细化管理的理念,将精细化管理标准、要求、方法、流程贯穿到工程监控和信息化管理系统之中,必须通过信息化固化工作流程,掌握动态信息,记录工作痕迹,反映工作成效,促进精细化管理落地生根。

第2章

水利工程精细化管理需求

　　"夏书曰：禹抑洪水十三年，过家不入门，陆行载车，水行载舟，泥行蹈毳，山行即桥。以别九州，随山浚川，任土作贡。通九州，陂九泽，度九山。然河菑衍溢，害中国也尤甚。唯是为务。故道河自积石历龙门。南到华阴，东下砥柱，及孟津、雒汭，至于大邳。于是禹以为河所从来者高，水湍悍，难以行平地，数为败，乃厮二渠以引其河。北载之高地，过降水，至于大陆，播为九河，同为逆河，入于渤海。九川既疏，九泽既洒，诸夏艾安，功施于三代。"这是中国第一部水利通史《史记·河渠书》中记载的大禹治水过程。历代有为的统治者，都把兴修水利作为治国安邦的大计。水利工程建成后，必须通过有效的管理，才能实现预期的效果和验证原来规划、设计的正确性。新中国成立后，江苏的水利工程管理经过 70 多年的实践，积极探索，努力践行科学管理理念，管理工作不断完善发展。随着中国特色社会主义进入新时代，经济发展由高速增长阶段转向了高质量发展阶段，对水利工程运行管理提出了更高要求。推动水利工程管理模式的迭代升级，提高工程运行管理质效，提升运行保障能力，"精细管理"已成为现代水利工程管理的现实需求。

2.1 水利工程概况与特点

2.1.1 水利工程概况

江苏省位于我国大陆东部沿海的中心,跨江滨海,土地面积 10.72 万 km²,其中,平原和低洼圩区占 68.8%,丘陵山区占 14.3%,河湖水域 16.9%,海岸线长约 1 045.88 km。地处长江、淮河两大流域下游,分属长江、太湖、淮河、沂沭泗四大水系,长江横穿东西,京杭大运河纵贯南北,境内地势低平,河湖众多,水系复杂,承受着上游 200 多万 km² 流域洪水过境入海,全省 80% 的陆域面积在洪水的威胁之下,是流域洪水"走廊"。

江苏省处于南北气候过渡地带,降雨时空分布不均,全省年平均降水量 750～1 250 mm,春夏降水较多、秋冬降水较少,60% 左右的降水集中在每年 6—9 月份;自然水体蒸发量 950～1 100 mm、陆面蒸发量 600～800 mm。多年平均本地水资源量 321.6 亿 m³,多年平均过境水量 9 492 亿 m³,其中,长江干流占 95% 以上。特殊的地理位置和气候特点决定了江苏省是洪、涝、旱、渍、潮等自然灾害多发地区。

江苏省乡级以上河道 2 万多条,其中流域性河道 33 条,区域性骨干河道 123 条,其他重要河道 567 条,列入省保护名录的大小湖泊 154 个,湖泊面积 超 6 000 km²。江苏共有注册登记水库 1 130 座,其中大型水库 6 座(均为大(2)型),中型水库 43 座,小型 1 081 座(小(1)型水库 283 座,小(2)型水库 798 座);水闸 137 66 座,其中大型水闸 42 座,中型水闸 486 座;泵站 90 423 处,其中大型泵站 74 处,中型泵站 332 处;流域面积大≥50 km² 的河流长度 约 3.9 万 km。全省现有堤防约 5 万 km,其中 1 级堤防 1 522 km、2 级堤防 4 471 km。

2.1.2 水利工程特点

江苏省地处平原地区,河网水系发达,水利工程主要是以防洪除涝、灌溉为主的堤防、闸(泵)站工程,是全国水闸、泵站最为集中的地区之一。

江苏省堤防工程,尤其是重要保护区堤防工程战线长。全省修建堤防工程约 5 万 km,为流域面积在 50 km² 以上河流长度的 95.8%,其中流域性河道堤防 6 600 多 km,堤防工程管理战线长,且级别等级高。

江苏省水闸与泵站的空间集聚性、小规模性等特征较为明显。闸、泵站的空间聚集性不仅在全国范围较为突出,在江苏省内也较为明显。从省内空间分布看,水闸、泵站主要密集分布在里下河地区,泵站相比水闸,多为密集中心分布;但就局部而言,差异性具体表现为泵站在丘陵地带分布偏多,而水闸偏少。从规模看,水闸、泵站普遍偏小。水闸规模分布呈现出北多南少的特点,苏北北部的徐州和盐城水闸分布规模最大,以节制闸占有比例最大,低值区主要分布在苏南的无锡、常州、镇江、南京,苏中的泰州;泵站分布更趋向均匀,其中盐城和苏州泵站规模最大。苏中、苏南以排水为主,苏北以供水、供排结合为主。类型上看,水闸以节制闸为主,泵站以排水泵站占的比例最大。

江苏水库具有分布相对集中,多位于丘陵山区,土坝为主,坝高较矮,坝体较长,集水区小等特点。具体表现为:受地形地貌影响,目前水库主要位于江苏北部、西部及西南部低山丘陵区,另有少量沿废黄河布置,总体呈"C"字形分布;江苏整体地势相对平坦,平原地区海拔一般在 5~10 m,没有大的落差,难以形成狭窄的山谷筑造混凝土大坝或拱坝。从坝型看,全省水库中,有 880 座为均质土坝,占比 98%,其余为黏土心墙坝、斜墙坝、土石坝等为主;江苏水库库容普遍偏小、坝高普遍偏低。据统计,全省水库总库容 34.5 亿 m^3,仅占全国水库总库容的 0.4%。全省水库大坝主坝最大坝高集中在 4~15 m,占水库总数的 90%。全省水库大坝主坝平均坝高 9.3 m,大中型水库主坝平均坝高 14.9 m,小型水库主坝平均坝高 9 m;平原区水库因地形可利用性较少,大多采用直接筑坝方式,故坝体长度普遍偏长。据统计,江苏水库大坝坝顶总长 593.6 km,平均每座水库坝顶总长为 659 m。

2.2　水利工程管理状况

2.2.1　江苏省水利工程管理体制

新中国成立后至 1958 年,是江苏省水利工程管理工作逐步组建专管机构、建立管理规章的时期。1954 年水利厅和治淮总指挥部机关内设置工管部门,并着手研究制定各项规章制度。1958 年至 70 年代末,是多次调整管理体制、综合经营开始起步的时期。80 年代是强化工程管理、加强法治建设、技术管理和综合经营大发展的时期。全省普遍实行目标管理,建立责任制,把安全、效益、综合经营三大任务一起抓,水利工程管理进入新的发展阶段。至 80 年代末,全省水利工程管理基本形成统一管理与分级管理相结合,专业管理与群众管理相结合的工程管理体系。江苏省水利厅设置 6 个直属管理处(骆运、灌溉总渠、三河闸、淮沭新河、江都引江和秦淮河闸坝管理处),管理流域性的大中型水闸 58 座和大中型抽水站 14 处,职工人数 1 983 人。各地(市)、县也建立健全水利工程管理机构,大中型水闸泵站水库和重点小型水库工程均设置了专管单位,由水利局下属的水管单位进行管理,小型水利工程(农田水利工程)基本上由乡镇水利站负责管理,还有一些小型水库特别是小(2)型水库、塘坝等农田水利设施由村组管理。

1985 年,江苏省沂沭泗地区绝大部分主要河道工程和宿迁闸、嶂山闸等收由水电部淮河水利委员会沂沭泗水利工程管理局管理(除沭河东海县段、新沭河连云港市段、新沂河灌云段和京杭运河不牢河段）。江苏省水利厅将里下河四港控制工程管理处下放给盐城市管理。90年代，太浦河节制闸、望虞河望亭立交枢纽交由水利部太湖流域管理局管理，常熟枢纽由太湖局和江苏省共管。大中型抽水站工程由厅属管理处和地方分别管理。1985年，省第二抗排队下放给建湖县管理。1965年到1970年间，石梁河、安峰山、沙河和阿湖4座水库下放给所在行政专区管理，1987年，除石梁河水库由连云港市管理外，其余水库全部由所在县管理。90年代以后新建水利工程，如淮河入海水道、泰州引江河、通榆河等工程，流域性控制工程由厅属管理处管理，河道工程和其他闸站及穿堤建筑物工程由所在地管理。

至此，全省水利工程管理体制格局基本形成，并延续至今。

2.2.2　新中国成立以来江苏省水利工程管理历程

江苏省各级水利部门和管理单位都非常重视水利工程安全运行工作，水利工程管理经过长期的探索和发展，经历了从无到有、从低到高，不断完善、持续提高的过程，逐步形成了较为完善的管理体系。特别是近20年来，创建了一批国家级、省级水管单位，开展了水利工程精细化管理探索试点、理论研究和总结推广，管理水平全面提升，服务保障能力持续增强，成为全国水利工程规范化管理的典范。

1. 管理起步阶段

20世纪50年代初，除保留原有的河道堤防、坝堰灌渠管理机构以外，在新建成的一批水库、闸坝枢纽工程交付使用时，都分别建立了相应的管理机构，开展工作有章可循，形成了传统的水利工程管理模式。

早在1953年，三河闸建成后就制定了全国第一部水闸工程管理规范《三河闸管理养护办法（草案）》，并于1955年修改为《三河闸管理规范（草案）》，报水利部和治淮委员会批准，成为当时全国和全省涵闸管理规范的范本。省治淮总指挥部制定了《淮河下游涵闸养护办法（草案）》《淮河流域涵闸养护通则》《淮河下游地区涵闸（挡潮闸、船闸）管理养护办法（草案）》。1956年江苏省水利厅与省治淮总指挥部合并后，建立起了全省统一的水利工程管理机构，1958年江苏省水利厅制定了《江苏省涵闸水库管理养护通则（草案）》，1961年又制定了《江苏省水利工程管理条例（草案）》《江苏省涵闸工程管理养护办法（草案）》。省属工程成立并多次调整了专管机构，明确了管理责任，各单位制定了一些管理制度，推行计划管理，全省工程管理逐步走上正轨。至1963年，全省大型水闸都陆续制定或修订了管理规范。

1953年开始涵闸水文观测工作，并在部分涵闸进行水工建筑物观测。此后，水闸观测项目逐步增加。1964年，江苏省水利厅印发了加强观测工作的技术规定，要求小型涵闸观测项目为"4+1"，即裂缝、伸缩缝、流态、冲淤，加上水文；中型涵闸"5+1"，即再增加沉降观测；大型涵闸"6+1"，即再增加测压管水位观测。省管涵闸工程技术管理井井有条，大部分大中型水闸都开展了工程观测、资料整编、初步分析并汇编成册。

2. 规范管理初步建立阶段

70 年代初,针对当时工程管理存在的问题,省水电局根据水电部《关于管好用好水利工程的几项规定》制定了《水利工程管理试行办法》,组织开展了全省水利工程"五查四定"大检查。

70 年代末至 80 年代,全国突破了技术管理的范围,规定水利工程管理任务为"安全、效益、综合经营",水电站的任务则是"安全、经济、多发多供"。江苏省水利工程管理逐渐恢复规范化管理,按设计标准,保证工程本身及保护范围的防洪安全,防止事故发生。

1979 年起特别是 1981 年以后,全国开展了水利工程管理整顿工作,做到管好、用好、发挥效益好和综合经营好,理顺了管理体制;1981 年,为贯彻"把水利工作的着重点转移到管理上来"的方针,全国水利管理会议部署各省在 1973 年水利大检查的基础上,开展了水利工程"查安全定标准,查效益定措施,查综合经营定发展规划"的"三查三定"工作,摸清了情况,查清了工程存在的问题,采取相应措施,加强管理。

1979 年,江苏省水利厅组织修订了省属大中型水闸管理规范工作,其中三河闸完成了第八次规范修订。江苏省水利厅还派员参加了水利部《水闸工程管理通则》、《水工建筑物维修养护工作手册》和《水工建筑物观测工作手册》的编写工作。1985 年,省属 14 座大型水闸均按照水利部《水闸工程管理通则》的要求重新修订了原有的管理规范,同时要求省属中型水闸和市县管理的大型水闸也制定或修订管理规范。

江苏省水利厅每年组织厅属单位工程观测和资料年度审查、汇编工作,组织全省水管单位开展管理所所长、技术干部培训,电工、机工等技术工人培训,以及工程观测、控制运用、水库管理等专项技术管理培训。同时对市县水利工程特别是大中型水库和流域性河道堤防工程管理也加强行业管理和技术指导,全省水利工程规范管理逐步恢复并逐渐正常化。

1986 年江苏省颁布了《江苏省水利工程管理条例》,这是江苏第一个水利管理法规,从此,全省水利工程管理有了法律依据。

3. 规范管理完善发展阶段

1990 年江苏省水利厅提出了水利工程管理"规范化、制度化和科学化"建设要求,自 1993 年起,江苏省水利厅先后制定了《厅属管理单位经营管理考核办法》和《省属水利工程管理单位"达标管理所"建设考核标准》,包括管理单位精神文明建设、工程管理、财务管理、综合经营四个方面的量化考核指标,促进了工程管理规范化和管理单位全面发展。

1994 年水利部印发了《河道目标管理考评办法》(水管〔1994〕433 号),全省各地积极组织开展河道堤防工程规范化管理。2002 年,常熟市长江河道管理处和无锡市滨湖区马圩太湖堤闸管理所分别通过了由水利部长江水利委员会和太湖流域管理局组织的"国家二级河道目标管理单位"考评验收。

受水利部委托,江苏省水利厅于1991—1993年组织编写了行业标准《水闸技术管理规程》(SL 75—1994),替代原有的《水闸工程管理通则》。根据该规程要求,组织对厅属14座大型水闸管理规范进行修订,并定名为水闸工程管理办法。1998年江苏省水利厅主编了水利行业标准《水闸安全鉴定规定》(SL 214—1998),规范水闸安全鉴定工作。

1990年江苏省水利厅制定了《江苏省水闸抽水站观测工作细则》,此后又分别于1995年和2001年进行了2次修订完善。江苏省水利厅每年组织厅属管理单位进行集中资料整编审查并进行评比,统一汇编印刷,规范了全省闸站工程观测工作。江苏省水利厅每年3~4月组织各地开展汛前检查结合汛前养护,做好汛前工程观测、应急工程维修、防汛物资储备、抢险预案修订等工作,并派员检查汛前准备情况。每年10月起组织汛后检查,查清经汛期运行后工程的变化情况和行洪造成的工程损坏,编报年度岁修、水毁修复和防汛急办工程经费计划。

4. 规范管理达标创建阶段

2003年水利部印发的《水利工程管理考核办法(试行)》及考核标准(水库、水闸、河道),按千分制对水利工程管理单位的工程现状和管理情况进行科学、合理的评价赋分。2004年,根据水利部《水利工程管理考核办法(试行)》及其考核标准,结合江苏实际,江苏省水利厅制定了《江苏省水利工程管理考核办法》及其考核标准并多次修改,增加了泵站和小型水库的考核标准,健全了江苏省水利工程管理考核体系。开展了国家级、省级水管单位和规范化小水库创建,通过抓水管单位年度自检考核、省级水管单位定期复核和不定期抽查,不断整改工程存在的问题与不足,修订技术管理细则,建立健全规章制度,收集整理技术档案资料,持续完善工程设施、改善环境面貌、规范管理行为、提升人员素质,保障水利工程安全完好,充分发挥工程设计效益,提高现代化管理水平。

截至2021年底,全省共创建省级以上水管单位352家,占全省水管单位总数的60%,其中国家级水管单位24家,在全国各省领先。全省规范化小水库共578座,占全省小水库总数的64%。全省13个设区市和8个厅属管理处实现省级水管单位全覆盖。

2.2.3 水利工程规范管理考核取得的成效

水利工程管理考核是推进水利工程管理规范化、制度化、现代化建设,管理工作从粗放管理到规范管理并不断完善发展,提高水利工程管理水平的一项重要措施。

2004年以来开展的全省水利工程管理考核和创建国家级省级水管单位工作,提升了标准化科学化管理水平,在领导重视、标准制度、技术水平、工程消险、环境改善等方面取得了实效,为实施精细化管理奠定了坚实的基础。

1. 管理工作重视程度不断提高

江苏省各级水行政主管部门高度重视水利工程管理考核工作,将管理考核作为加强工程管理、提高管理水平的重要抓手。每年都把管理考核列入下级单位年度工作目标任务下达,将考核达标率列为管理现代化的主要考核指标。省厅每年都组织召开管理考核座谈会,重点做好梯级推进、前期指导、严格考核、定期复核和飞检抽查等工作。一是按照年限梯级申报,对水管单位技术人员职称也提出了要求,确保省级以上水管单位长期的、稳定的硬件设施和软实力,持续、长久提升水利工程管理水平。二是组织专家对拟创建单位进行现场指导和跟踪服务,明确整改意见并督促整改到位,提高验收的通过率。三是组织考核专家组,严格对照考核办法和赋分标准,对推荐申报国家级、省级水管单位进行认真考核,确保不走过场,让每个创建成功的单位都能成为展示水利行业形象的一面旗帜、一块样板。四是对国家级和省级水管单位,开展定期复核,跟踪问效,重点检查验收以来管理水平状况、整改意见落实情况、管理工作创新情况,推动水利工程高水平管理的稳定、长效。五是每年组织专家对省级水管单位工程管理现场和台账资料进行突击飞检,对检查发现的问题明确提出整改要求并限期整改,确保省级以上水管单位的管理水平始终处于稳定有升状态。

江苏省水利厅对工程管理的重视程度不断提高,通过全省水利工程管理体制改革,水管单位运行管理经费和维修养护经费得到了保障,省级流域性工程维修养护经费逐年递增,从 2003 年水管体制改革初期的每年 3 000 万元,逐渐增加至 6 亿元。特别是对于计划创建国家级水管单位的,江苏省水利厅在安排省级维修养护计划时,给予重点倾斜支持;对通过国家级、省级水管单位和规范化小水库验收的,每年给予 10～30 万元的额外维修经费奖励。相关市级财政也给予相应配套奖励经费进行支持。

2. 管理标准制度体系初步构建

2003 年,江苏省在全国率先出台了《江苏省水闸安全鉴定管理办法》,明确了水闸安全鉴定的范围、周期,安全鉴定检测、复核等承担单位资质要求,以及安全鉴定成果审查审定程序和病险工程列项处理、安全鉴定经费等相关工作。

2004 年起,江苏省水利厅先后印发了江苏省水闸、泵站、水库和堤防工程技术管理办法,明确了各类工程技术管理工作内容和要求,组织各地制定或修订各工程技术管理细则,并学习培训和贯彻执行,规范了全省各类工程的技术管理工作。此后又编写了《泵站运行规程》(DB32/T 1360—2009)、《水闸运行规程》(DB32/T 1595—2010)、《江苏省沿海挡潮闸防淤减淤规程》(DB32/T 2198—2012)、《大中型泵站主机组检修技术规程》(DB32/T 1005—2006)等地方标准。

2008 年根据水利部《水闸安全鉴定管理办法》修订了《江苏省水闸安全鉴定管理办法》,组织开展了全省大中型水闸安全状况普查和安全鉴定工作。2009 年印发了《江苏省泵站安全鉴定管理办法》。

2009 年江苏省水利厅根据水利部《水库运行管理督查工作指导意见》,印发了《江苏省水库安全运行管理工作稽查办法(试行)》,建立了水库运行管理督查制度。2010 年江苏省水利厅印发《江苏省小型水库管理考核办法》,2013 年印发《江苏省水利工程运行管理督查办法(试行)》,运行督查范围扩大到水库、水闸、泵站和堤防工程。

2010年江苏省水利厅组织编写了地方标准《水利工程观测规程》(DB32/T 1713—2011),这是全国首部包含水库、水闸、泵站、堤防和河道等各类工程的安全监测标准,规范统一并有力地促进了全省各类工程观测工作,提高了江苏省水利工程观测工作水平。

3. 管理人员技术水平得到提高

江苏省各级水利部门和管理单位都非常注重职工教育,采取集中培训、外送培训、联合培训、运行管理现场培训及日常技术"传、帮、带"相结合等多种方式,加强对职工的教育和培养。江苏省水利厅在江都水利枢纽建设了全省水利系统实训中心,每年举办全省水闸、泵站运行工岗位培训;联合省人事厅每2年组织水闸、泵站运行工技能竞赛,对竞赛中取得优秀成绩的可直接晋升技师或高级技师,为优秀人才的脱颖而出提供了舞台,受到了基层管理单位的普遍欢迎。江苏省水利厅还举办有关地方标准宣贯培训和管理考核、涉河建设项目管理、堤坝白蚁防治、安全管理、技术管理细则编制、水库管理等有关技术管理专题培训、基层站所长培训班,江苏省水利厅直属管理单位经常举办专题讲座和现场讲解,防洪预案与突发事故应急预案演练,设备操作与故障排查,闸、站运行工升级培训等形式,多渠道、全方位锻炼队伍,不断提高管理人员综合素质,全面提升管理队伍的整体水平和运行管理能力,以适应现代化管理的时代要求。

4. 工程设施得到维护消险

管理单位按照考核标准的要求和有关规定,增设各类安全管理标志标牌,定期对水闸、泵站、水库进行安全鉴定,闸门、启闭机和机电设备等级评定,以及堤防隐患探查等,加强工程检查观测和维修养护工作,发现问题及时整改到位,确保工程安全完好。

对于存在的工程隐患,组织各地制定除险加固、更新改造计划和度汛应急方案,积极争取将其列入治淮治太工程、江海堤防达标工程等国家重点工程、省内流域性工程、重要区域性骨干工程治理建设规划中进行处理,未列入重点规划项目的由各地方财政重点解决,为考核达标创造条件。2009年起,根据水利部统一部署,共有114座三、四类水闸列入了全国大中型病险水闸除险加固规划,8座大型泵站列入了全国大型泵站更新改造规划,并陆续得到加固处理。此后又在泵站安全鉴定的基础上编制了《江苏省中型灌溉排水泵站更新改造规划》,病险工程逐年减少,保证了工程安全完好,防洪减灾效益得以充分发挥。

5. 工程环境面貌整体提升

各单位结合国家级、省级水管单位创建,在整改水利工程、整编工程资料时,还结合工程环境整治,打造优美环境,完善水文化设施,努力挖掘特色文化,创建水利风景区。许多单位拆除了管理范围内大量的违章建筑,然后进行绿化美化,管理面貌焕然一新。有的单位利用工程加固淘汰的设备,建设水利特色雕塑和水闸、泵站科普园;有的单位利用图片资料，设立历史陈列室，建设廉政宣传长廊等，为职工提供了良好的工作、生活环境，丰富了水文化内涵，提升了工程形象，水利工程成为当地标志性建筑。

2.3 水利工程精细化管理现实需求

进入中国特色社会主义新时代，特别是随着"十四五"新征程的全面开启，我国进入推动经济社会高质量发展阶段，水利需要更多的担当、更大的作为、更强的保障，要推动水利治理体系和治理能力现代化，为全面建设社会主义现代化国家提供有力的水安全保障。

水利工程管理是水利工程安全运用、设计效益充分发挥、确保国家水安全的关键。引进新的管理理念，改进管理方法，提升管理水平，是新时代赋予水利工程管理的历史使命。

2.3.1 社会技术系统对水利工程精细化管理的需求

水利工程，尤其是综合利用的水利工程，不仅具备社会技术系统的一般特性，更是一种较为复杂危险的社会技术系统。其主要特点如下：

（1）系统的自动化程度日益提高。随着高新技术，尤其是信息技术和传感技术在水利工程中的运用推广，系统自动化程度不同程度地提高了，有些甚至达到了"无人值守，远程操控"的程度。操作人员的工作由过去以"操作"为主变为监视、决策和控制为主。人因失误发生的可能性，尤其是后果和影响变得更大了。

（2）系统更加复杂和危险。大量地使用计算机、网络技术和智能化技术，使得系统内人与机、各子系统间的相互影响更加复杂、关联更加紧密，使得大量潜在危险集中在较少几个人（比如中央控制人员）身上。子系统之间和设备之间的相关性和耦合性会使系统故障更加复杂、多变和重叠，从而使系统的潜在危险性加大。

（3）系统中具有更多的防御装置，系统透明度越来越低。为了防止技术失效和人为失误对系统运行安全的威胁，各工程普遍采用了多重、多样专设安全装置，以提高系统的安全性。但与此同时，操作人员对这些安全装置的依赖性又降低了其对系统危险性的警觉性。因此这些安全装置也是系统安全性的最薄弱环节。系统的高度复杂性、耦合性和大量防御装置增加了系统内部行为的模糊性，管理人员、维护人员和操作人员经常不知道系统内正在发生什么，也不理解系统可以做什么。

（4）系统稳定性和安全性受外部环境变化的影响大。水利工程安全运行是有一定设计标准的，比如洪水标准和行洪断面标准等，如果出现超设计标准洪水，或行洪断面被缩窄，即使不出现超设计标准洪水，皆有可能出现溃坝或溃堤风险。尤其是随着全球气候变化，极端或异常气候频现，这对水利工程系统影响极大，对水利工程的日常管理、运行调度和监测预警均提出了更高要求，因此需提高工程防范突发自然灾害的能力。

基于社会技术系统的特性,水利工程运行管理的重点表现为:面对极端天气、超标准洪水、旱涝灾害的严峻考验,保证工程运行管理到位,做到引调引排自如,保障防洪安全、饮水安全、生态安全、粮食安全等民生水利建设,不断满足人民对生命安全、生态环境、生活品质的新期待、新要求;难点表现为:对面广量大的江河堤防、涵闸泵站和水库塘坝,围绕工程运行安全、可靠目标,迫切需要针对工程管理意识、管理标准、管理方式、管理成效以及技术手段、考核激励等方面存在的短板弱项,突破重技术轻管理、重硬件轻软件的传统思维,研究探索以科学管理理论指导水利工程运行管理的新思路、新方法,推动水利工程管理模式的迭代升级,提高工程运行管理质效,提升运行保障能力。

社会技术系统特性,对水利工程管理信息化、自动化技术可靠性要求更高,对水利从业人员的知识、技能和心理素质、责任使命感的要求也更高,引入精细化管理理念成为必然的需求。

2.3.2 高质量发展对水利工程精细化管理的需求

中国特色社会主义进入新时代,我国经济发展由高速增长阶段转向了高质量发展阶段,对水利工程管理提出更高要求。

随着江苏"美丽河湖"建设的全面推进,为满足人民群众对美好生活的向往,水利工程功能随之发生变化,从防汛防旱延伸拓展到建设生态河湖、美丽河湖。闸站工程不仅频繁运行、常年运行,还要保证安全运行、高效运行、及时运行。

新时代对水利工程管理带来了很大的机遇和挑战。需要不断地总结经验与教训,改变并优化提升传统的管理方式,研究并探索新的精细化管理模式,以更高的标准、更严的要求、更强的措施,提高工程运行管理质效,进一步适应新形势、新业态、新要求,实现水利工程运行管理的高质量发展。

2.3.3 江苏水利现代化对水利工程精细化管理的需求

在"创业创新创优、争先领先率先"的江苏精神引领下,江苏水利工程管理水平、管理能力,始终处于全国前列,为全国工程管理创造了不少经验。进入新征程,如何保持江苏工程运行管理工作始终处于全国领先地位,江苏自加压力、自我革新、主动提升,从工程运行管理工作的实际需求、发展方向和存在问题出发,提出在要求上坚持更高标准,在落实上注重全过程,在成效上强化执行力,探索行为—过程—环节—结果,全链条标准化的运行管理模式,促进水利工程管理由粗放到规范、由规范向精细、由传统经验型向现代科学型管理转变,加快推进水利工程管理现代化进程。

精细化管理是实现由过去的粗放型管理向集约化管理的转变,由传统经验管理向科学化管理转变的一种管理理念和管理方法,在不同的行业、不同地区甚至不同国家都在不同程度地推广实践。

在当前全面推进水利现代化、服务"强富美高"新江苏建设的进程中,探索精细化管理理论指导水利工程管理的新思路、新方法,构建符合水利现代化要求的精细化管理模式,在推进水利现代化进程中当表率、做示范、走在前,显然更具有现实意义、实践价值。

作为标准化管理的进一步延伸和升级,精细化管理呈现的是一种理念。它是社会化大生产和社会分工细化对现代管理的必然要求,核心在于实行刚性的制度,运用先进的手段,细化管理的目标,规范全员的行为,强化责任的落实,促进整体的协同,提升管理的效率,最终提升整体的执行能力,并形成优良的执行文化。

第 3 章

水利工程精细化管理体系

水利工程精细化管理贯彻精细化管理基本理论,遵循精细化管理思想,借鉴精细化管理方法,紧密结合水利工程管理特点和现实需求,进行定位、提炼,确立水利工程精细化管理以"精进、精准、精细、精品"为基本特征,以"系统推进、注重细节、科学量化、体现个性、永续渐进"为工作原则,以全员化、标准化、制度化、流程化、常态化、信息化"六化"为主要方法,体现了江苏水利工程精细化管理的鲜明特色。

3.1 水利工程精细化管理内涵与特征

将精细化管理理论与江苏水利工程管理结合,提出了水利工程精细化管理的理念与内涵。在新发展阶段、新发展形势下,水利工程管理要适应服务经济社会高质量发展和现代化建设要求,树立"追求卓越、提档升级、安全可靠、精准高效"的管理理念,将精细化管理作为水利工程规范化管理的"升级版"、工程安全高效运行的"总阀门"、工程管理向现代化迈进的"推进器",以精细化管理科学理论指导水利工程管理实践,构建水利工程精细化管理新模式,推动水利工程管理迭代升级,探索实践水利工程精细化管理的"江苏经验"。

3.1.1 水利工程精细化管理理念

1. 追求卓越

精细化管理核心思想首先就是"精","精"体现的是一种态度,更是一种追求。在新发展阶段,水利工程管理要主动适应新发展要求,积极服务经济社会高质量发展,运用精细化管理的理念和方法,转变工程管理传统思维模式,弘扬追求卓越的"工匠精神",倡导精益求精的工作态度,树立争先创先的意识,提高工作站位,追求高目标,坚持高标准,实现高质量,创造更加突出的业绩,在水利工程管理现代化建设实践中争当表率、争做示范、走在前列。

2. 提档升级

精细化管理是规范化管理的更高阶段,但不是另起炉灶,更不是否定过去,而是在多年管理经验和规范化管理的基础上进行完善、提升和发扬。要把精细化管理作为水利工程规范化管理的"升级版",基于多年水利工程管理积累的宝贵经验、成功做法,形成的管理体系,特别是工程管理考核取得的丰硕成果、奠定的良好基础,进行梳理、总结,查找发展瓶颈、存在的问题,推进精细化管理,采用科学的方法改进提升,促进水利工程管理向更高层面迈进。

3. 安全可靠

水利工程是一种较为复杂危险的社会技术系统,安全可靠运行是水利工程管理的根本目标。精细化管理理念的引入,有助于在水利工程管理中建立全方位、多层次的安全生产管理组织网络,构建完善的基础安全管理框架,形成安全生产管理制度和各类应急预案,从而不断改善安全工作环境、提高工程设备的运行可靠性和安全性能,减少并且尽可能避免生产安全事故的发生。此外,通过制定完善的安全检查管理制度,对安全规章制度的执行情况和安全措施的落实情况进行监督检查,形成有效的监督检查管理机制,有利于全面掌握安全管理状况、增强安全防控能力,及时消除各类安全隐患,确保水利工程安全运行。

4. 精准高效

精细化管理是提升发展水平、增强发展质效的科学方法，水利工程管理最重要的目标就是保证工程安全高效运用、充分发挥工程效益，所以，水利工程管理精细化要结合行业特点和工作实际，梳理管理任务，细化管理标准，强化协同衔接，畅通决策与执行全过程信息渠道，做到目标明确、决策正确、信息准确、执行精确，精密监测工程健康状态，精准调度工程高效运行，高质量管理好水利工程管理，更好地发挥水利服务经济社会的支撑和保障作用。

精细化管理有助于提升单位全体成员的素质。精细化管理不是短暂的转变，而是需要循序渐进、长期坚持的推进实施过程，有助于单位建立自上而下的积极引导和自下而上的自觉响应的管理模式。

3.1.2 水利工程精细化管理内涵

1. 精细化管理是标准化、规范化管理的升级版

精细化管理是一种理念和文化，是社会分工的精细化及服务的精细化对现代管理的必然要求，是建立在质量管理、标准化管理、规范化管理等常规管理的基础上，并将常规管理引向深入的基本思想和管理模式，是一种以最大限度地减少管理所占用的资源和降低管理成本而实现安全有效管理为主要目标的管理方式。最终实现从"标准化"到"精益化"再到"精细化"的管理升级，以期实现从管理型向效益型、从传统型向现代化的转变。精细化管理与标准化、精益化管理的比较分析如表 3-1 所示。

表 3-1 精细化管理与标准化、精益化管理的比较分析

	核心内容	特征	意义
标准化管理	公司及法人单位在生产经营、工程管理为获得最佳秩序，对实际或潜在的问题制定规则的活动	制定、发布和实施标准达到统一，获得最佳秩序和社会效益；复杂的系统工程，具有系统性、动态性、超前性和经济性等，复制型模式	规范操作行为和作业流程，降低生产成本，提高产品质量，提升生产效益。控制质量影响因素，减少质量缺陷产生，及时发现并纠偏
精益化管理	源于精益生产理念。以丰田汽车为代表的精益生产方式是最适用于现代制造企业的一种生产组织管理方式	准时制生产方式(JIT)；全面质量管理；团队工作法；注重并行工程	精：少投入、少消耗资源、少花时间，高质量；益：多产出经济效益，实现企业升级，精益求精；在创造价值的目标下不断地消除浪费
精细化管理	社会分工精细化及服务质量精细化对现代管理的必然要求。科学化管理有三个层次：规范化、精细化、个性化	精：标的精确、树立典型、精益求精；准：标准作业、运作准确、任务准时；细：细化规章制度、工作任务、工作流程，工作态度细致；严：严谨制定、严格遵循、严格要求	对战略和目标分解细化和落实，让单位的战略规划能有效贯彻到每个环节并发挥作用，提升单位整体执行能力；科学管理，提高运营绩效。强化责任落实，提升管理效率，实现降本增效

2. 精细化管理是工程安全运行的"总阀门"

精细化是全链条管理、个性化管理,是标准化、规范化管理的升级版。精细化管理提升了工程管理能力水平,提高了管理工作效率,是一切工程安全运行的"总阀门"和重要保证,是"工匠精神"的具体体现。

3.1.3　水利工程精细化管理特征

1. 精进:锐意求进,追求卓越。适应新时代水利高质量发展和现代化建设要求,以科学严谨的态度,敢为人先的勇气,突破工程管理传统思维定式,弘扬追求卓越的"工匠精神",以精细化管理理论指导水利工程管理实践,探索构建水利工程精细化管理新模式,推动江苏水利工程管理迭代升级、走在前列。

2. 精准:标准明确、信息准确。紧扣水利工程管理目标任务,细化管理制度,量化管理标准,规范管理流程,并保持其准确性、时效性,明确工程管理应该做什么、谁来做、如何做,形成全链条、闭环式、可追溯的管理机制,达到工程管理信息及时准确、流程规范协调、跟踪考核到位。

3. 精细:缜密细致、注重细节。倡导精益求精、精耕细作的工作态度,从小处入手,从细节抓起,查找补齐工程管理短板、弱项,夯实基础,发挥优势,精心打磨管理细节、工序流程。落细落微、关口前移,不因细小隐患酿成大祸,不因细小差错影响大局,以精湛细节保证工作成果。

4. 精品:执行有力、打造精品。坚持高标准、严要求,执行制度标准,规范管理行为,强化责任落实,倡导管理者履职尽责。强化精细管理意识和工作理念,培育精细化管理素养和行为习惯,引导管理人员追求高质量的工作成效,努力打造管理精品。

3.2　水利工程精细化管理原则与方法

根据水利工程精细化管理的内涵与特征,总结提出了精细化管理实施的五大原则,适应江苏水利工程特点的精细化管理实施方法,提出了"六大管理"要求与方法。

3.2.1　水利工程精细化管理实施原则

1. 系统推进

管理是一项系统工程,需要一系列的、有机组合的、朝向总体目标的、协调一致的动作来完成。同样,水利工程管理工作涉及工程设施管护、控制运用、检查观测、安全生产、档案资料、队伍建设、制度建设、内部管理等多个方面,是一个密切联系、相互影响的系统。所以,推进水利工程精细化管理不能局限于某一方面、某项工作,需要建立一个高效的、运行良好的系统。针对工作管理中任务不明确、要求不严格、标准不细致、过程不规范、考评不到位等问题,要从目标任务、工作标准、管理制度、作业流程、考核评价、信息平台等方面着手,形成协同有序、规范高效的工作体系,系统推进水利工程精细化管理。

2. 注重细节

细节决定成败,小的细节能够反映出管理单位综合管理水平,体现出能否将一件看似简单的工作做到"高水准"。针对水利工程具体管理内容,明确细化各项工作的技术要求、工作标准以及执行流程等,注重打磨各个环节的关键所在。在执行过程和成果的把握上,要严格执行职责分工、工作标准、管理制度,按章办事、按规操作,注重管理细节、落细落小、紧盯隐患苗头,纠正工作偏差,保证工作目标高质量完成。

3. 科学量化

科学量化就是在管理中将工作内容、工作标准及相关制度以量化的形式提出要求,并使之涵盖工作全过程,只有量化分解的目标才能提供明确的工作方向。水利工程管理目标任务、工作要求和执行考核等确定的标准要求、制度规定必须科学系统、切合实际、及时修订,同时,尽可能将每一个细节量化、细化,让管理人员知道应该做什么,不应该做什么,做到怎样才是合格,做到怎样才是优秀。唯有这样才能更好地落实执行和跟踪考核。

4. 体现个性

"精细化"是对科学管理的执着追求,是一种上下一心追求极致的管理模式。精细化管理强调精准、精细,这就要求水利工程管理无论是设施设备的管护、管理行为的要求,还是精细化管理做法,不能简单照搬复制,必须充分结合本行业、本单位、本工程的实际情况,基于不同类型、不同功能、不同条件的水利工程管理特点,发挥本单位、本工程的资源优势,制定落实精细化管理路线图,提高针对性、适用性,充分体现自身的精细化管理特色。

5. 永续渐进

精细化管理是一个动态的、持续的工作。水利工程精细化管理应紧密结合当前的水利工程管理要求,促进各项工作目标的实现和管理提升,同时,要不断总结精细化管理经验和存在不足,提出改进措施。持续深入推进精细化管理,逐步向工程管理相关工作拓展延伸。按照永续渐进、不断提高的要求,把精细化管理的理念、方法长期贯穿于工作之中,从易到难、由浅入深,持续改进和创新,倡导每一个步骤都要精心,每一个环节都要精细,每一项成果都是精品,促进工程管理水平不断提升。

3.2.2 水利工程精细化管理实施方法

1. 管理职责全员化

水利工程精细化管理推进关键在人,一方面,管理者要有精细化意识,要强化精细理念,推行精细意识;另一方面,培养教育广大员工接受、实现精细化。要围绕工作目标,将各阶段工作任务进行细化分解,形成任务清单、责任清单,建立层层负责的责任制,将管理任务分配到相应岗位,明确责任人,赋予其相应的职责,并加强考核、监督与管理,使得每位管理人员都各司其职,按职责把工作做到位,发现问题及时纠正、及时处理,做到"事事有人做、人人有事做",进而保证目标任务得到落实。同时,加强宣传引导和教育培训,强化精细化管理理念和要求,提高推进精细化管理的能力水平,让精细化管理真正变为管理人员的自觉行为,这样才能保证精细化管理工作落到实处、取得实效。

2. 管理要求标准化

标准是水利工程管理应遵守的准则和依据。推进水利工程精细化管理必须以标准化为基础,按照管理法规、管理标准、管理办法等相关规定,围绕水利工程管理控制运用、检查观测、维修养护、安全生产等重点工作,建立完善涵盖技术标准、工作标准、管理标准的体系,不仅要有设施状态,还要有管理行为、档案资料,标准要尽量具体化、定量化,具体到任务分工、规定要求、作业流程、资料格式等,定量到运行参数、时间频次、数据限值、成果分析,使得各项工作标准准确、依据明确,更有针对性、可操作性。

3. 管理规则制度化

精细化管理强调按规则管事、按制度办事、用制度管人。要按照精细化管理思想,结合当前工程管理相关规定要求,全方位、多角度地对现有的管理办法(细则)、规章制度进行梳理、补充、完善,形成完善的制度体系,当管理条件发生变化时及时修订,提高适用性、时效性,确保各项工作能有章可循,有规可依。要增强管理人员规则意识,始终把制度作为办事和行动准则,把规定放在前面,提高制度的执行力、约束力。

4. 管理过程流程化

流程化是精细化管理的重要方法,稳定性、重复性的重要工作都可实现流程化管理。水利工程控制运用、检查观测、维修养护、安全生产等重点管理工作都具有重复性、规律性,如何来保证这些工作规范有序地开展,需要将具体任务或事项沿纵向细分为若干个前后相连的工序单元,将作业过程细分为工序流程,然后进行分析、简化、改进、整合、优化,形成从任务分解、推进落实、跟踪反馈到绩效评价的全链条工作闭环,同时,各个环节要有职责分工、标准与制度等要求,从点滴做起,在细微处着眼,脚踏实地,把每一个细节做到"零缺陷",以流程化实现全过程、闭环式管理。

5. 管理考评常态化

执行力是精细化管理的关键。不仅要通过刚性的制度、明晰的标准,规范管理行为,指导工作开展,而且要通过考核评价机制,检验工作成效和个人表现,并建立奖惩激励机制,奖优罚懒,鼓励先进,增强单位和员工的责任感、使命感,激发工作积极性、创造性。要结合水利工程管理单位综合考核和绩效分配机制改革,进一步完善工程管理考核制度和评价标准,建立公平公正、绩效挂钩、奖惩分明的考核激励机制。考核要常态化、全覆盖,做到标准细化、程序规范、结果真实,以规范有效的考评机制促进各项工作要求落到实处。

6. 管理手段信息化

信息化是精细化管理的重要手段。信息化在工程管理工作中可实现决策与调度的高效化、沟通与控制的实时化、储存与检索的条理化,借助先进的信息技术,贯彻精细化管理的理念,将精细化管理任务、标准、制度、流程、评价等要素贯穿到工程运行管理和业务管理信息化系统之中,通过信息化系统落实工作任务、固化工作流程、跟踪动态信息、记录工作痕迹、评价工作成效,促进精细化管理落地生根。

3.3 水利工程精细化管理重点

细化目标任务、明晰工作标准、健全管理制度、规范作业流程、强化考核评价、构建信息平台,强化管理工作的计划性、全过程、闭环式管理,做到任务抓落实、工作留痕迹、责任可追溯、结果有考评,着力提高水利工程管理成效。

3.3.1 细化目标任务

水利工程承担着防洪减灾、水资源供给、水生态改善等重要任务,按照现行水利工程管理相关规定,日常管理常规性工作及重点专项工作主要包括控制运用、工程检查、工程观测、维修养护、设备评级、安全生产、制度建设、档案资料、水政管理等。推进精细化管理,首先需要明确细化工作目标任务。工作任务制定的细致程度与执行效果有着密切的关系,要将单项工作或任务按合理的逻辑结构,分解为若干个组成部分,每个部分又可分解成若干个更小的部分,直到不能再分或不必要再分为止。管理单位要制定分解年度工作计划,明确各阶段重点工作任务,对相对固定的工作任务按年、月、周、日等时间段进行细分,形成工作任务清单,明确工作项目、时间节点、主要内容、责任对象,内容应具体详细。

要根据管理职责和工作任务,合理设置管理机构和岗位,并按标准配置人员,一般设管理岗、专业技术岗、工勤技能岗,其中管理岗包括所长、副所长、管理员等,专业技术岗包括高级工程师、工程师、助理工程师,工勤技能岗包括运行高级技师、运行技师、运行高级工、运行中级工、运行初级工,人员配备满足管理需要。要将每项工作落实到岗位、到人员,做到事事有人管、人人有事做、责任可追溯。同时,要求每一位责任人都要到位、尽职,工作要日清日结、跟踪检查,发现问题偏差及时纠正、及时处理,确保各项工作任务按计划落实到位。

3.3.2 明晰工作标准

标准是对重复性事物和概念所作的统一规定,是指导和衡量水利工程管理的标尺,是保证管理目标任务执行到位的前提。建立完善的水利工程管理标准体系是实行精细化管理的必要条件,是克服管理随意性、粗放式、无序化的有效手段。

既要有管理结果的标准,也要有规范管理行为、管理过程的标准,要针对调度运用、工程安全生产、制度管理、设备评级、安全监测、养护维修、危害防治、教育培训、档案资料、水政管理,形成系统、细化、量化的标准体系,以标准指导管理,以标准衡量管理,以标准规范管理,以标准化体现管理的严和细。同时,要根据管理条件变化及时进行修订完善,实现持续改进的目标。

3.3.3 健全管理制度

制度是组织内人员共同遵守的办事规程或行动准则,是系统及时发挥其作用的保证,制度建设注重严肃性、严密性、系统性。水利工程精细化管理需要建立健全刚性的制度体系,一般包括技术管理细则、规章制度和操作规程等,内容和深度应满足工程管理需要,可操作性强。各类制度既有分工、互不冲突又相互联系、协调配合,共同发挥作用,做到系统、管用、可行,切实保证各项工作规范有方、管理有章、执行有据。

要树立规则意识,倡导按章办事、按规行事,克服随意性、凭经验办事。结合工程实际,建立工程管理细则、规章制度和操作规程等管理制度,主要包括岗位职责、教育培训、控制运用、检查观测、养护维修、安全生产、防汛管理、水政管理、档案管理等内容。加强制度学习与执行,对制度执行的效果应进行评估、总结,当工程状况或管理要求发生变化时应及时修订完善。

3.3.4 规范作业流程

流程化管理是水利工程精细化管理的重要方法,要注重流程管理的连续性、协调性,达到相互衔接、环环相扣,保证工作有序高效地推进。流程主要采用线型描述,将工作任务细分为若干步骤,再用流动方向的线条将各个步骤按先后顺序连接起来。流程化管理可以先在局部开始,然后逐步推广,也可以先找出最重要的、关系全局的局部流程,来加以改善。对流程要进行分析、研究、改进,去除不必要的、可有可无的环节,简化流程。

水利工程管理要借鉴流程化管理方法,以流程规范固化管理行为,克服工作执行过程的随意性,实现工作从开始到结束的全过程闭环式管理。对规律性、程序性、重复性的工作编制流程图,形成完整的工作链,明确工作实施的路径、方法和要求。对控制运用、工程检查、工程观测、维修养护等典型工作编制作业指导书,以流程化管理为主线,明确工作的内容、方法、步骤、措施、标准和人员责任等,对工作开展进行全过程、全方位的指导,使工作过程更加可控,成效更有保证。

3.3.5 强化考核评价

精细化管理的关键是执行力,建立行之有效的考核评价机制是确保各项工作按标准实施并最终实现工作目标的重要环节,是决定工作执行成效的重要保证。要结合单位自身实际,针对不同阶段目标管理的侧重点和责任主体,建立健全专项考核与综合考核、平时考核与年度考核、单位考核与职工考核等多形式、多层级的目标成果考核评价体系,并落实必要的奖惩措施。各类考核评价要有明确的目标和标准,注重不同考核评价之间的衔接,避免考核过多、重复考核,提高工作成效。

管理单位要按照事业单位人事管理及考核管理相关要求,发挥好绩效分配激励引导作用,结合单位实际,建立单位工作效能考核和职工实绩考核制度,制定完善考核办法和标准,将考核结果与评先评优、岗位聘用、职务晋升和收入分配相挂钩。要完善岗位设置、工作职责和考核标准,注重平时考核、量化评价,将管理责任具体化、考核评价常态化、绩效奖惩透明化,切实保证管理精细高效,富有执行力、创新力。同时,积极开展精细化管理工作评价,评估总结精细化管理工作成效,发扬成绩,克服不足,持续改进提高。

3.3.6 构建信息平台

随着互联网、物联网、大数据、云计算等为代表的信息技术的迅猛发展,信息化、智能化建设已成为新时期水利工程管理的重要任务,要利用先进的信息化技术手段推进工程管理信息化、智能化,改变工程管理方式、提升管理效能,让管理工作落实更到位、调度控制更精准、过程管控更规范、信息掌握更及时、成效评价更便捷,提升现代化管理水平。

要基于现代信息技术和水利工程管理发展新形势,切合水利工程管理特点和实际需求,将信息化与精细化深度融合,重点围绕业务管理、工程监测监控两大核心板块,构建安全、先进、实用的信息化管理平台。平台建设要紧扣精细化管理的任务、标准、流程、制度、考核等重点环节,体现系统化、全过程、留痕迹、可追溯的思路,形成完整的工作链、信息流,实行管理任务清单化、工作要求标准化、作业流程闭环化、档案资料数字化、成效监管实时化,以工程管理信息化促进精细化更有效、更快捷地落地和推广。

3.4 水利工程精细化管理实施路径

根据水利现代化建设的总体要求、阶段目标和工程管理的现实需求,基于典型单位水利工程精细化管理实践,管理单位在日常管理中要把精细化管理的理念和要求长期贯穿于工作之中,科学制定并不断完善精细化管理的实施方案、制度建设、标准建设、流程建设,持续总结,逐步提高,并不断推广到工程管理各项工作之中,促进各项工作全面协调可持续发展。

3.4.1 转变管理思路

精细化管理就是要弘扬工匠精神,用精益求精的科学态度,严谨务实的工作作风,认真负责的工作责任心去做好每一项工作。全面推进水利工程精细化管理,首先必须从思想认识上完全转变工程管理的传统思维模式,坚持现代精细化管理的理念。改变传统的随意化、经验型、粗放式管理模式和观念,转变成"注重细节、立足专业、科学量化"的思维模式,提倡做细、做精、做实。

管理单位要充分认识到开展精细化管理的重要意义,教育引导干部职工切实增强开展工程精细化管理的责任感和使命感,持续增强思想自觉性和行动自觉性;要勇于摒弃"老办法"和传统思维方式,敢于意识创新、方式创新、手段创新,将精细化管理向工作细节、个人行为延伸。

同时,加大精细化管理的宣传、贯彻力度,不仅让基层管理单位管理人员和技术人员能正确认识、全面了解,主动把握和积极参与精细化管理,而且在全体职工中真正形成共识,做到全员参与,使精细化管理工作由少数人掌握变为多数人的自觉行动。

3.4.2 优化管理模式

水管单位推进精细化管理需要结合水利改革和投入政策的支持,进一步推进"管养分离",深化管理体制改革,不断创新管理模式和内部奖惩激励机制。管理单位内部应做到定员、定岗、定职责、定考核、定奖惩,按照精细化任务清单对闸站等工程各管理岗位的基本职责从内容、标准、频次、时限等方面进行细化、量化、固化,使各项管理工作有规可循、有据可依,真正形成基本职责清晰、岗位职责明确的精细化管理模式。通过健全各类规章制度,使得全体职工做到"责任心强、反应快、重细节、严制度",通过制度化、程序化、标准化加快精细化管理落地。

3.4.3 注重创新引领

工程管理单位应结合工程管理信息化系统的建设,融入精细化管理理念,让精细化管理与信息化建设相辅相成,将推进精细化管理的相关要求、标准、流程体现到信息化管理体系之中,体现过程控制要求,充分展示工程检查观测、设备管理、安全生产、养护修理等日常技术管理涉及的技术要求、技术标准、资料成果等。

利用大数据、人工智能、云技术、区块链等创新技术,基于大数据统计分析,搭建管理驾驶舱,形成管理数据链,构建动态统计评价模型,以洞察管理短板,及时预警并处置风险,提质增效,建立核心竞争力,夯实发展的根基,真正实现数字化管理的目标。运用信息化手段促进精细化管理的有效推进,全面提高工程管理智能化、智慧化水平。

3.4.4 强化考核监督

管理单位应在坚持监督考核统一标准的原则上,健全日检查、周通报、月评比、年考核工作机制,将检查考核结果与单位、个人的季度考核、绩效考核等挂钩。同时推行精细化"留痕管理",对全过程管理留痕迹、有足迹、可追溯,通过责任落实留痕、学习教育留痕、动态管理留痕、检查考核留痕等方式,保障动态考核科学化、合理化,检验精细化管理的执行成效,促进精细化管理落地生根。

3.4.5　推广管理经验

　　水利工程管理是一个系统工程,不仅涉及工程技术管理,还涉及单位内部体制与机制管理、队伍建设、党建与精神文明建设、财务管理等多个方面,是一个有机的整体。想要更好地发挥精细化管理理论对水利工程管理实践的指导作用,促进水管单位全面发展,必须把精细化管理的理念和方法长期贯穿于全部工作之中,根据水利现代化建设的总体要求、阶段目标和工程管理的现实需求,不断完善精细化管理的理论体系、实施方案和制度设计,不断总结提高,纵深推进。同时,借鉴理论体系和实践经验,切合不同的地方特色和工作特点,向技术管理以外的其他工作拓展延伸,形成工作合力、整体效应,促进各项工作实现全面协调可持续发展。

第 4 章

水利工程精细化管理步骤

精细化管理是建立在科学管理思想基础之上,经过长期实践检验的,能适应经济社会发展需求的先进理念和管理方法。江苏在多年水利工程依法管理、规范管理奠定的良好基础上,瞄准更高的管理目标定位,在江都水利枢纽先行探索,加强顶层设计,开展专题研究,构建理论体系。结合研究成果,先行先试,典型示范,逐步推广,指导水利工程精细化管理实践,探索出水利工程精细化管理"实践探索—典型试点—理论研究—总结推广"的成功之路。

4.1 部署推动

4.1.1 出台文件

1. 出台指导意见。在总结江都水利枢纽精细化管理探索经验的基础上，2016年6月，江苏省水利厅印发了《江苏省水利工程精细化管理指导意见》，主要内容包括：总体要求（指导思想、基本原则、阶段目标），重点任务（健全管理制度体系、明晰管理工作标准、规范管理作业流程、强化管理效能考核），保障措施（精心组织、强化考核，开展试点、树立典型，总结提高、不断推广）。

2. 出版指导手册。江苏省水利系统经过多年研究与实践，在2016年精细化管理指导意见的基础上，根据各地精细化管理试点实践经验，创新性地提出了实施水利工程精细化管理模式，主要为"六大管理"，即管理任务、管理标准、管理制度、管理流程、管理考核和管理信息。自2018年起，江苏省水利厅组织编写并于2020年出版了精细化管理指导手册《江苏水利工程精细化管理丛书》（水库、水闸、泵站、堤防共4个分册）。组织各地根据工程实际，参照精细化管理指导手册，编制各工程细化的管理任务清单、工作标准、管理制度、主要工作操作流程和作业指导书，形成工作手册，将每一项任务都落实到具体的工作岗位和责任人。

3. 出台评价办法。为全面推进全省水利工程精细化管理工作，科学评价精细化管理水平，2019年1月，江苏省水利厅印发了《江苏省水利工程精细化管理评价办法（试行）》及评价标准。根据水利部标准化管理工作要求，结合江苏精细化管理实践，2022年6月修订印发了《江苏省水利工程精细化管理评价办法》及评价标准，将精细化管理与标准化管理工作要求有机结合，明确了"十四五"期内全省水利工程精细化管理总体目标，即"全省水利工程管理以精细化管理为引领，以标准化管理为基础，以安全运行为导向，促进水利工程管理提档升级，保障工程效益充分发挥"，提出了"十四五"全省推进实施精细化管理和创建水利部标准化管理工程、江苏省精细化管理工程目标。2022年10月，根据精细化管理评价实际情况，印发了《省水利厅办公室关于水利工程精细化管理评价的补充规定》，进一步规范精细化管理工程名称，补充了《江苏省小型水库工程精细化管理评价标准》，完善了精细化管理评价体系。进一步明确了精细化管理评价权限，并对适用范围、评价标准、评价组织、年度自评、年度计划、申报材料和奖励政策等进行解读。

4. 修订技术规定。自2016年起，江苏省水利厅先后修订了《江苏省水利工程管理考核办法》《江苏省水库技术管理办法》《江苏省泵站技术管理办法》《江苏省水闸安全鉴定管理办法》《江苏省泵站安全鉴定管理办法》，首次制定了《江苏省水电站技术管理办法》《江苏省水库大坝安全鉴定实施细则》；印发了《江苏省大中型水利工程安全监测方案（试行）》《病险水利工程安全应急预案编制指南》等规范性技术性文件，进一步规范和指导各类工程运行管理工作。

4.1.2 试点实施

1. 先行试点，树立典型。2015 年率先在厅属管理处先行先试。2016 年出台精细化管理指导意见后，江苏省水利厅要求各地制定精细化管理工作计划，落实相关工作责任，督促指导精细化管理工作有序推进。组织国家级水管单位和江苏省水利厅直属单位开展试点工作，以后又逐渐扩大到省级水管单位。按照"先易后难、以点带面"的原则，要求各市选择 2～3 家单位进行精细化管理试点，通过培育树立典型单位，为全省和当地水利工程推进精细化管理积累经验、提供示范。

2. 加强宣传，重点推介。自 2015 年起，江苏省水利厅利用一切机会向全省各级水利主管部门和水管单位宣传精细化管理工作，在历次全省工程运行管理工作会议上都宣传精细化管理工作的必要性、重要性，布置精细化管理试点、研究和推广等工作。总结出"精细化管理是水利工程全过程全链条管理，是规范化管理的升级版、安全运行的阀门，体现了工匠精神"。同时，在历年水利部运行管理工作会议、交流会议上，向水利部领导汇报江苏精细化管理的理念、方法和取得的经验与成效，得到了水利部领导和运管司的肯定。

3. 总结推广，全面推动。2020 年 12 月，江苏省水利厅组织专家组对省江都水利工程管理处精细化管理进行了评价验收。专家组听取了汇报，检查了工程和资料，对照《江苏省水利工程精细化管理评价办法（试行）》及评价标准，经讨论评议，省江都水利工程管理处通过了评价验收。经过江苏多年探索试点实践、经验总结和理论研究，水利工程精细化管理理论已经基本成熟，标准体系已经初步建立，精细化管理理念已经深入人心，形成了较为系统规范的工程管理新模式。江苏首家精细化管理单位通过验收，标志着江苏省精细化管理已经进入全面推广实施的新阶段。江苏省水利厅组织各市水利（务）局和厅直属管理处观摩了本次验收，并组织召开了全省水利工程精细化管理工作现场推进会，总结了几年来江苏精细化管理从探索、试点、推广到取得的一定成效，且经历了精细化管理从理念到实践并不断发展完善理论的过程，明确了精细化管理工作方向，布置了下阶段全省精细化管理要求。

4.1.3 全面实施

2021 年 3 月，江苏省水利厅印发了《省水利厅关于加快推进全省水利工程精细化管理工作的通知》，明确"十四五"期内全省水利工程全面实施精细化管理的总体目标，加强组织领导，精心组织实施，确保取得实效。组织全省各地编制"十四五"精细化管理实施方案和分年度计划。2022 年又组织全省根据水利部标准化和江苏省精细化管理新要求，对"十四五"精细化管理实施方案和分年度计划修订完善，要求各地结合工程实际情况,细化目标任务,把精细化管理工作覆盖到全省所有大中型工程,明确大中型水库、水闸、泵站和3级以上堤防工程实施计划,并将小型水库也纳入实施方案,逐步推广到所有工程。要求各水管单位做好创建方案,做到"一工程一方案",在对照评价标准,细化排查工程存在问题的基础上,明确整改措施、责任人和完成时间,落实资金。

2020—2021年,全省共有61家水管单位通过省精细化管理单位评价验收。2022年,对照新修订的《江苏省水利工程精细化管理评价办法》及评价标准,省内又对上述省精细化管理单位所管工程精细化标准化管理工作进行了审查,认定公布了172座省精细化管理工程名单,组织完成了288座省精细化管理工程评价验收,其中溧阳市大溪水库和南京市马汊河堤防工程通过水利部标准化管理工程评价验收。

4.2 标准研究

为适应江苏省水利工程管理现代化建设的新形势,实现江苏高质量发展要求,2015年以来,江苏省水利厅组织开展了多项专题调研、专项规划、标准编制和科学研究,为实行精细化管理提供技术支撑。

4.2.1 专题调研

1. 水闸泵站安全状况调研。为及时掌握工程基本参数,了解闸站工程安全运行情况,2020年组织开展了全省大中型水闸泵站工程基本情况和安全状况普查,梳理统计出超期未鉴定以及2020年度到期应鉴定的大中型水闸、泵站工程名单。在此基础上,从2020年起,江苏省在全国率先布置大中型水利工程安全鉴定工作。每年初都对到达安全鉴定周期的大中型水库、水闸、泵站工程,下达安全鉴定任务,并及时跟踪统计安全鉴定进展情况,确保"到期一座,鉴定一座"。2020—2022年共下达大中型水库、水闸和泵站工程鉴定任务615座,实际完成647座。对于安全鉴定新发现的三、四类病险工程,组织各地开展除险加固前期工作,争取尽快立项进行消险处理,同时组织管理单位编制病险工程安全应急预案和限制运用方案,做好应急准备工作。

2. 管理能力调研。为全面了解全省大中型水利工程管理单位现状,分析存在的主要问题,为江苏水利高质量发展研究制定提升措施,提供解题思路,2021年组织开展了全省水管单位管理能力调研与评估。主要采取问卷调查、现场调研和座谈交流方式,对管理单位机构设置、体制机制、人员队伍、经费保障、存在问题及建议等开展全覆盖调查,收集相关数据材料,对获得的样本数据进行统计分析。按照工程类型等别、管理单位层级、地域差异等不同因素,科学评价水管单位管理能力现状,总结管理成效,查找薄弱环节和不足,对制约水管单位管理能力提升的问题进行梳理,提出解决问题的对策措施。

3. 其他调研。组织开展了全省大中型水闸、泵站和省直管工程安全监测设施与监测工作普查和现场调研,形成了安全监测设施现状调研报告,在此基础上编制了《全省大中型闸站和省直管工程安全监测设施完善方案》;组织开展了全省水库大坝工程现场调研,编制了《全省大中型水库安全监测设施改造方案》《全省小型水库安全监测设施建设方案》;组织开展了全省水利工程自动化监控系统、启闭机钢丝绳维护、全省主要海堤管理与保护等普查和现场调研。

4.2.2 专项研究

1. 精细化管理

水利工程精细化管理理论研究。自 2018 年起,开展了"水利工程精细化管理模式研究""水利工程精细化管理关键技术与应用研究",以江都水利枢纽为典型,调研总结全省水利工程管理现状和精细化管理探索试点情况,梳理精细化管理基本理论,分析水利工程管理内容和要求,形成了水利工程精细化管理基本理论,提出了水利工程精细化管理的实施方法、管理重点、实施路径,开展精细化管理绩效评价、精密监测、精准调度、信息化平台等关键技术研究,形成了水利工程精细化管理理论体系、实施体系和技术体系,研究成果达到了国际领先水平。

2. 精密监测

水利工程精密监测是指采用高精度、智能化监测方法,对工程各个部位运行状况的数据进行监测、分析,掌握工程变化规律,对工程隐患发出报警预警信号,预演隐患发展趋势,帮助管理单位及时消除工程隐患,保证工程安全运行。

2020 年 5 月,江苏省水利厅印发《江苏省大中型水利工程安全监测方案(试行)》,明确了监测对象、监测依据、监测要求和内容、成果报送、监测职责等。监测对象包括:各市大中型水库、大型闸站工程 104 座;厅属管理处闸站工程 128 座。要求每年 6 月底和 12 月底,报送安全监测成果;每年 1 月底前,报送上一年度观测成果分析和观测工作总结。

江苏省水利厅委托第三方专业机构,每年对全省大中型水库、大型闸站和省直管工程安全监测成果分析与安全评估,对安全监测异常数据分析原因,评估认定工程安全性能。

2022 年 11 月,江苏省水利厅印发《江苏省水利工程安全监测设施完善方案》,分为大中型水库、大中型闸站、省直管工程、小型水库。要求各地应参照该方案,根据工程特点、地质条件和存在问题等情况,组织逐座工程监测设施专项设计,并根据辖区内工程重要性编制安全监测设施分期实施方案。对重要流域性大中型闸站工程和大中型水库,力争"十四五"期间全部实施完成。

江苏省河道管理局在前期调研的基础上,结合省属闸站工程运行状况、管理实际情况,在刘老涧站、杨庄闸、淮安一站、三河闸、万福闸、武定门闸、江阴枢纽、高港枢纽

8 个省属闸站工程分别开展了垂直位移、水平位移、侧岸绕渗、墙后土压力、结构缝、河道冲淤等精密监测的试点项目，设计编制"省属水利工程精密监测平台"。建立了典型闸站工程 BIM 安全评估系统，对变形、渗流和河道冲淤监测成果进行数模计算分析，对水工建筑物安全性态进行综合评价，对超过安全范围标准的异常监测值提出预警和处置，并可对水闸优化调度进行逆向反馈。

3. 信息化建设

组织开展了大中型闸站监控系统智能化运行管理现状评价及对策研究，对全省大中型闸站工程自动化系统运行管理情况进行普查统计和典型工程现场调研，对国内外特别是水利水电行业自动化、智能化、信息化系统建设关键技术和发展状况进行了梳理分析，针对江苏省数字化、智能化和精细化管理需求，提出全省大中型闸站自动化与信息化建设要求。在此基础上起草《大中型闸站自动化系统技术导则》。

针对江都水利枢纽，研究开发了大中型闸站信息化管理平台。主要功能以水利工程安全高效运行为核心、以精细化管理要素为导向，紧扣工程管理的"事项、标准、流程、制度、考核、成效"等重点管理环节，体现"系统化、全过程、留痕迹、可追溯"的思路，构建运管一体化的信息平台，实现安全高效的控制运用与精细规范的业务管理。业务功能涵盖工程运行管理、检查观测、设备设施管理、维修养护、安全管理、档案资料、制度标准、任务管理、效能考核等水利工程运行管理重点工作，力求实现管理事项清单化、管理要求标准化、管理流程闭环化、管理成果可视化、管理档案数字化、管理审核网络化。在此基础上，开展了水利工程运行管理信息化平台技术研究，起草《水利工程信息化管理系统技术导则》。

4.2.3 标准编制

1. 2015 年以来制定的技术标准

《水闸工程管理规程》(DB32/T 3259—2017)。

《水闸监控系统检测规范》(DB32/T 3623—2019)。

《水利工程卷扬式启闭机检修技术规程》(DB32/T 2948—2016)。

《水利工程螺杆式启闭机检修技术规程》(DB32/T 3834—2020)。

《水闸泵站标志标牌规范》(DB32/T 3839—2020)。

《大中型水库调度规范》(DB32/T 3470—2018)。

《堤防工程技术管理规程》(DB32/T 3935—2020)。

《智能泵站技术导则》(DB32/T 4638—2024)。

2. 标准前期研究

按照标准体系制定计划，组织开展了相关地方标准调研、初稿起草等前期工作，主要包括：

《泵站工程管理规程》。

《智能水闸技术导则》。

《病险水利工程安全应急预案编制导则》。

《水利工程运行管理任务编制导则》。

《水利工程运行管理制度编制导则》。

《水利工程运行管理工作流程编制导则》。

《水利工程信息化管理系统技术导则》。

《大中型闸站工程自动化监控系统建设技术导则》。

《启闭机钢丝绳运行与养护修理技术规程》。

《江苏省水利工程电气试点技术规定》。

4.3 技术培训

在精细化管理实施的过程中,多渠道、全方位的技术培训,是系统宣贯精细化管理理念、推动精细化工作落实落地的必要环节,也是全面提升管理能力的重要途径。

4.3.1 精细化管理培训深入开展

2016年江苏省出台《江苏省水利工程精细化管理指导意见》,确立精细化管理作为江苏省"十三五"水利工程运行管理目标和方向,随即,江苏省就逐步将精细化管理纳入培训范围,在全省范围内宣贯精细化管理理念。随着精细化管理理论日趋完善,精细化管理培训也逐步深入,培训对象从水行政主管部门人员逐步延伸到基层管理单位,从精细化管理宏观理论逐步拓展到管理任务和管理流程等,一线操作人员在精细化管理实践过程中可以进行有效反馈,进一步丰富和完善精细化管理理论。早期的培训为精细化管理理论与实践相结合打下了基础,确保了精细化管理在全省上下整体探索中有序、高效、持续地推进。近几年,江苏省水利厅、各级水行政主管部门和管理单位每年都组织开展专项技术培训,培训内容也逐步融合了精细化管理要求,每年组织开展的闸站运行管理技术培训、水库运行管理技术培训,水库运行督查与白蚁防治专项培训、工程维修养护培训等,都将精细化管理的应用作为培训的重点。培训不拘泥于传统的授课模式,多次组织到精细化管理成效显著单位进行现场参观、精细化管理操作现场展示等,其内容更丰富,形式更直观,效果更明显。各地、各单位每年也开展形式多样的交流培训,包括集中培训、外送培训、联合培训、运行管理现场培训及日常技术"传、帮、带"相结合等多种方式,以及针对初级工、中级工、高级工的岗位培训等,加强对职工的教育和培养,多渠道、全方位锻炼队伍,不断提高管理人员综合素质。

2020年底组织召开了精细化管理评价观摩暨全省精细化管理工作推进会,全面布置、全力推动全省精细化管理工作。2021年上半年结合工作座谈,举办了精细化管理培训班,下半年还举办了两期精细化管理专项培训。2023 年举办两期全省水利工程精细化管理培训,详细解读水利部标准化管理和江苏省精细化管理评价办法及评价标准,提出信息化管理平台建设要求。江苏省水利厅还举办有关地方标准宣贯培训和管理考核、涉河建设项目管理、堤坝白蚁防治、安全管理、技术管理细则编制、水库管理等有关技术管理专题培训、基层站所长培训班,全面提升管理队伍的整体水平和运行管理能力,以适应现代化管理的时代要求。

4.3.2　开展技术比武发挥动能

党的十八大以来,水利厅坚持两年一期全省行业技能竞赛大练兵、每年一期系统内技能比拼小练兵,共举办全省水利系统行业职业技能竞赛 8 届,协办全国水工闸门运行工竞赛 1 届。一批又一批优秀的年轻水利技能人才得到快速成长,特别是自 2017 年以来,江苏省在全国水利行业技能竞赛中屡获佳绩,2017 年,连获全国行业竞赛泵站运行工和水文勘测工两个总成绩第 1 名,2018 年,获全国行业竞赛闸门运行工总成绩第 1 名,2019 年,江苏省首次参加全国水利行业水工监测工竞赛,总成绩名列前茅。一大批优秀水利技能人才脱颖而出,荣获国务院特殊津贴、中华技能大奖、全国五一劳动奖章、全国技术能手、全国水利行业首席技师等省部级以上荣誉称号 69 人次。

举办此类技能竞赛活动,为技术能手搭建一个交流的平台,相互借鉴、取长补短,查找各自存在的差距与不足,优秀人才脱颖而出,有利于激发技术人员钻研业务知识、提高业务技能的工作热情,受到了基层水利工程管理单位的普遍欢迎。

4.3.3　建立专门培训实操基地

1983 年经江苏省水利厅批准,在江苏省江都水利工程管理处设立全省水利职业技能培训中心,负责全省水利行业的教育培训工作,是江苏省人社厅、水利厅承认的水利行业职业技能鉴定机构。1996 年 2 月,经水利部人事教育司核批,报劳动部职业技能开发司同意,成立江苏省水利行业特有工种职业技能鉴定站。承担着江苏省水利行业渠道维护工、水文勘测工、闸门运行工、水工防腐工、泵站机电设备维修工和泵站运行工六个工种五个级别的技能鉴定工作。为了适应新时期高技能人才队伍培养的新要求,2015 年经江苏省水利厅批准,成立江苏水利职业技能培训鉴定站,占地近 2 万平方米,教学用房 5 000 平方米,建有学员公寓和食堂;制定详细培训方案,聘任 40 余名专业技术人员担任教师,能够容纳约 500 人同时上课。鉴定站自成立以来累计举办技术工人鉴定考核 80 期,鉴定人数 5 000 余人,其中技师以上高技能人才 1 000 余人,进一步提高水利工程管理单位一线操作人员精细化管理水平,为推动精细化管理落实落地创造了良好条件。

4.4 评价验收

各级水行政主管部门和厅属管理处将精细化管理工作作为水利工程运行管理的重点工作任务,放在突出位置来抓,制定精细化管理创建计划,强化精细化管理理念,推进精细化管理评价,取得了显著成效。

4.4.1 评价计划

江苏省水利工程精细化管理从探索、试点、推广到取得一定成效,经历了精细化管理从理念到实践并不断发展完善理论的过程,精细化管理标准体系已经基本建立。计划到"十四五"末,全省水管单位基本实现精细化管理,建立与江苏水利现代化相适应的水利工程管理新模式,管理水平显著提升,服务能力不断增强。

同时,各级水行政主管部门和厅属管理处根据"十四五"全省水利工程精细化管理目标计划要求,在梳理评估所辖工程管理现状和存在问题的基础上,组织编制本地区本单位精细化管理5年计划和分年度细化完善实施方案,包括年度精细化管理重点内容、具体推进措施、实施步骤、投入资金、预期成效,以及验收时间、责任人等,落实相应措施和经费,定期进行技术指导和督促检查,全面推进精细化管理工作。

4.4.2 评价程序

为有效推进水利工程精细化管理工作,客观评价精细化管理水平,江苏省水利厅印发了《江苏省水利工程精细化管理评价办法(试行)》及标准进行量化考核,通过构建精细化管理标准体系,提出健全管理制度体系、明晰管理工作标准、规范管理作业流程、强化管理效能考核的精细化管理工作要求,重点检查工程控制运用、检查观测、维修养护和安全生产等重点工作任务分解与作业指导书,现场抽查部分工作操作流程,检查精细化管理取得的工作实效等,对工程运行管理和精细化管理成效进行全面评价,按照千分制,对管理任务、管理标准、管理流程、管理制度、内部考核、管理成效等六个方面进行赋分。

根据年度评价验收工作计划,江苏省水利厅每年多次派出专家组,对拟申报水利工程精细化管理工程进行现场指导和培训,提出整改意见和建议,并跟踪检查,有效地提高了管理单位的管理水平。特别是对于拟申报水利部标准化管理的工程,江苏省水利厅派出专家协助管理单位进行检查指导和督促整改。各地水利局和厅属管理处加强对申报单位的检查、指导和督促,加强考核达标工作的自检、考核、初验和整改等工作。

管理单位结合水利工程精细化管理评价,针对本单位工程情况,对每项工作、每个岗位、每道工序的精细化管理工作进行量身定制,制定细化的任务清单、明晰的技术标准和规范的工作流程,建立或完善管理信息化平台。

省级精细化管理工程评价流程,参见图 4-1 所示。

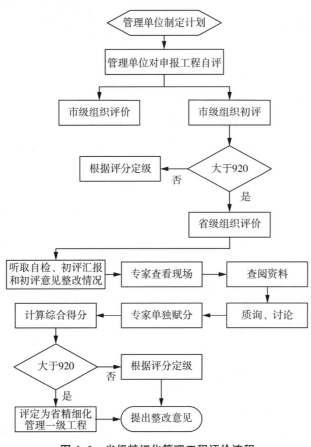

图 4-1　省级精细化管理工程评价流程

4.4.3　总结推广

江苏省水利厅直属各水利工程管理单位全面推进精细化管理,为全省水利工程精细化管理提供做法和经验。各市、县(区)水利工程单位结合现阶段工程管理状况,按照"先易后难、以点带面"的原则,选择管理水平较高、基础条件较好的水管单位先行先试,逐步推广。通过培育树立精细化管理典型单位,为全省和当地水利工程推进精细化管理积累经验、提供示范。

全省各地水管单位特色各异,管理工作也各有所长。"他山之石,可以攻玉",江苏省水利厅在考核专家的选择上考虑到大家的学习与交流,尽量能够覆盖大部分市县。同时,加强对推进精细化管理工作的总结和实际成效的评估,注重单位之间、地区之间的学习交流,互相借鉴成功经验和做法,请进来、走出去,开阔眼界,不断提高思想认识和工作水平,完善精细化管理实施方案,改进工作方法。苏北地区学习了苏南地区的先进管理理念、现代化管理手段和人才队伍建设等。苏南地区也学习了苏北地区的充分利用有限财力办大事、克服困难谋发展的精神。各地充分利用各种机会,通过聘请专家授课、实地调研学习等多种方式,取长补短,学习现有的成果经验,结合实际情况,引进吸收,建立适合本地区、本单位的方案办法,提高管理水平。

第 5 章

水利工程精细化管理技术要点

　　水利工程精细化管理是在规范化、标准化管理的基础上,将精细化管理理论方法融合水利工程管理的有益探索。

　　水利工程精细化管理引入工业化的"标准、精细、自动",信息化的"数字、网络、智能"等特征,根据不同类型水利工程及其业务工作的性质和特点,明确管理职能和标准、细化管理制度、优化管理流程,形成具有良好运行机制的卓越管理体系,以高效率、高质量实现水利工程管理目标。同时,水利工程精细化管理实践依托先进的技术特别是信息技术,围绕调度运用和业务管理两大核心工作,重点从建立技术标准体系、推进信息化管理等方面开展技术创新,形成具有实用性、先进性、前瞻性的技术支撑体系。

5.1 水利工程精细化管理标准体系

5.1.1 技术标准

水利工程在防洪减灾、水资源供给、通航、发电及水生态改善等方面发挥着重要的作用,水利工程运行安全有序,管理科学以及工程效益充分发挥和管理效能提升是水利高质量发展的重要保障,将大大促进经济社会持续健康发展。

水利工程精细化管理是建立在规范化、标准化管理的基础上的,标准化体系建设是科学治水、依法治水的重要技术支撑,是维护水利工程运行安全、充分发挥工程效益的重要保证,推进水利工程精细化管理必须建立完善的运行管理技术标准体系。2019年,江苏省水利厅在借鉴国内外水利工程运行管理技术标准体系建设经验、梳理分析水利工程运行管理要求及现行标准的基础上,提出了适合江苏省水利工程运行管理的技术标准体系表。

1. 国外标准化体系建设情况

发达国家水利发展进程较快,根据其发展过程,可划分为四个阶段:①在工业化之前漫长的农耕时期,水利以单目标开发建设为主。②20世纪初至第二次世界大战前,水利进入多目标开发的大规模建设时期。③20世纪70年代中期到80年代,水利转向水资源管理、水法治建设和现代水管理为主的综合治理时期。④20世纪90年代以后,发达国家进入人水协调及追求社会可持续发展时期。而水利工程运行管理作为水利行业发展的重要方面,发达国家在20世纪70年代左右建立了相应完善的技术标准体系,包括国家出台的一系列办法、通知、行动、纲领等技术规范性文件与国家、行业及地方颁布的一系列规范、标准、导则等技术标准,充分体现了技术标准反映技术进步和市场需求的原则。

发达国家对水利工程的运行管理已经日渐趋于成熟,其中以美国、英国、日本、荷兰等国家最具代表性。这些国家对水利工程运行管理技术标准体系的研究主要集中在管理体制、调度运行、操作规程、安全评价、设施设备管理等方面。

国外发达国家根据水库大坝、水闸、泵站、小水电站等水利工程运行管理的不同特点,制定了一系列具有针对性的技术标准,有些值得借鉴学习。

(1)水库大坝。国外的水库大坝管理体制机制为大坝业主负责安全、政府负责监督,其技术标准主要从运行安全管理、安全管理责任制和规章制度、日常运行维护、安全检查和安全监测、运行维护监测手册、定期报告制度、应急预案编制、经费管理等方面做出详细规定,保证了水库大坝运行管理的安全和正常效益的发挥。

(2)水闸。国外针对水闸运行管理的技术标准较少,以挡潮闸、船闸、农业灌溉水闸等类型的水闸标准为主,且大部分涵盖于水利防洪设施、农业灌溉设施等规范中,包括维修养护、日常管理、操作运行、应急管理等多个方面,较少进行单独规定。

(3)泵站。国外针对泵站运行管理的技术标准数量较少,虽然没有形成多种标准组成的体系,但是各有其特点,有的标准自身内容就已经比较全面,基本上覆盖建设和管理等环节。经济发达国家的泵站在运行、管理方面自动化程度高,监控系统完善,在保障泵站的改造、维修和扩建的资金方面,由受益者支付或国家拨款。

(4)小水电站。国际标准和其他国家(无论是发达工业国家还是发展中国家)的标准中没有对应于小水电的标准体系。涉及小水电领域的有关标准和管理规定大多反映在能源、水电厂、电力系统等有关标准中,且均为大中小型水电站或电工通用标准。故其使用的小水电标准与我国小水电标准的区别主要表现在标准体系和标准编制的思路、标准的技术规定、标准名称和约束力及标准时效等几个方面。在制定思路上,国外标准的综合性较强且比较重视环境保护和生产安全。在技术规定上,国外标准涉及技术装备、产品和材料方面的定量指标多而偏高。在标准名称上,国外除了 Code(法规)具有强制性,其余 Standard(标准)、Guide(导则)等都是自愿采用。在标准时效上,国际机构的规程规范都有明确的时效规定。总的来说,国外小水电标准的立项和编制建立在市场经济的基础上,任何组织包括专业协会、学会、企业等都可以立项编制。

2. 国内标准体系建设情况

新中国成立以来,我国水利技术标准体系的发展历程总体上可分为三个阶段:①20 世纪 50 年代至 70 年代末(产生阶段),随着我国第一部水利技术标准《水文测站暂行规范》的颁布实施,至 70 年代末,我国共颁布水利水电技术标准约 15 项,主要集中在水文、水利水电工程建设的勘测设计与施工等方面。②20 世纪 80 年代至 20 世纪末(快速推进与自我体系形成阶段),水利部于 1988 年颁布了《水利水电勘测设计技术标准体系》,至 20 世纪末,水利水电技术标准内容也从最初的水文、水利水电工程勘测设计、施工,扩展至水利工程经济评价与工程管理等领域,而且也开始涉及水资源评价、水环境保护等领域,初步形成了支撑当时水利水电工程建设的水利水电技术标准体系。③21 世纪初至今(全面发展阶段),在国家工程技术标准化发展引领下,水利部于 2014 年发布了第五版技术标准体系,标准体系框架机构在不断修订优化中,逐步改善了标准之间不协调、不配套等一系列现象,促进了水利技术标准向着统筹规划、全面发展阶段迈进。截至 2021 年 1 月,水利行业已颁布技术标准共计 780 条,其中强制性标准 86 条,推荐性标准 694 条,分为水文、水资源、防汛抗旱、管理等 10 个专业门类,按功能序列分为综合、建设、管理三类。

为了更好地规范水利工程运行管理工作,国家及水利部根据有关法律法规,按照不同类型水利工程运行管理的特点,制定并修订了一系列技术标准,各省、市在此基础上也逐步制定并修订了符合本省省情、水情特点的技术标准。现行的国家标准、行业标准、地方标准之间有着一定的依从关系和内在联系,这与现行的技术规范性文件共同组成了技术标准体系,形成了对水利工程运行管理工作全覆盖。

3. 江苏省水利工程运行管理目标和要求

（1）水利工程运行管理目标

水利工程运行管理目标是：坚持以习近平新时代中国特色社会主义思想为指导，积极践行"节水优先、空间均衡、系统治理、两手发力"的治水思路，按照全国水利工作会议部署，遵循"需求牵引、应用至上、数字赋能、提升能力"智慧水利建设总要求，深化水管体制改革，初步建立符合水情省情和社会主义市场经济要求的水利工程管理体制和运行机制，建立健全水利工程运行管理的法规体系、制度体系、规划体系、技术规范与标准体系，加强行业管理和社会管理等各项管理工作，规范各项管理行为，提高管理水平，维护工程与设施的完整完好，维护河湖健康生命，确保工程的安全运行和各类效益的充分发挥；强化水利工程长效管理，推进水利工程运行管理标准化、规范化、精细化，提升水利工程体系效能。

（2）水利工程运行管理要求

考虑对水利工程精细化管理中不同工作流程细节的把控，结合水利工程标准化管理中不同类型水利工程管理的特点，归纳起来，水利工程运行管理的具体要求具有如下4个方面的基本特征：

一是组织管理合理化、高效化程度高。建立符合我国国情、水情和社会主义市场经济要求的水利工程管理体制和运行机制，是水利工程组织管理的重要内容。保证管理体制顺畅、管理权限明确，通过实施运行管理与维修养护相分离，建立明确的单位职能关系和关联责任；根据相关法律法规合理设置管理单位岗位，人员配备满足管理需要；重视精神文明建设，营造秩序良好、遵纪守法的氛围；保持管理范围内工程环境优美及管理设施完善；建立、健全各项管理规章制度并落实到位；档案管理有序。

二是安全管理系统化、规范化程度高。建立健全安全责任制，规定不同人员和部门的职责和权限，是管理单位进行安全管理的基础。首先，依法强化水利工程安全监管，把确保工程安全放在首位，加强水利工程安全鉴定、注册登记、除险加固、更新改造等工作。其次，严格依法行政，加大水行政执法的力度。水利工程管理法规、规章制定全面，修订及时；执法力度良好，把水利工程管理的各种利益关系及其错综复杂的内部矛盾处理好；执法队伍依法行政水平提高，执法能力加强。最后，加强应对自然灾害和突发事故的应急处理能力，编制应急预案并演练。健全安全生产组织体系，落实责任制，定期开展隐患排查治理，预防生产安全责任事故的发生。

三是运行管理标准化、精细化程度高。健全的规章制度是管理单位做好水利工程运行管理工作的基本保障。一方面，结合不同类型水利工程运行管理具体情况，及时制订完善的水利工程技术管理实施细则（如工程巡视检查和安全监测制度、工程调度运用制度、闸门启闭机操作规程、工程维修养护制度等）。另一方面，坚持统一规划、统一标准、统一管理、分步实施的原则，引进、研究开发先进管理设施，制定完善的水利工程防洪兴利调度制度，严格对操作运行步骤进行精细化把控，逐步建立比较完整的水利信息化体系。

四是管理保障科学化、专业化程度高。在科学分工和系统整合的前提下,建立经济管理制度的新模式,是提高经济管理专业化水平的必要途径。在满足维修养护、运行管理等费用来源渠道畅通、使用规范的基本要求情况下,合理合规收取费用,充分挖掘人力和自然资源的潜力,促进生产运营效益的最大化,从经济角度全面扩大水利工程的效益,并按规定落实职工工资、福利待遇及各种社会保险。

4. 江苏省水利工程运行管理技术标准

在参考现行的国家及国内其他省份水利工程运行管理技术标准体系建设情况基础上,根据水利工程运行管理目标和要求,结合水利工程管理的实际需要,提出江苏省水库、水闸、泵站和小水电站等工程在控制运用、检查观测、安全管理等方面需要的技术标准,主要包括以下内容。

(1) 管理保障,包括管理机构和人员、管理经费等。

(2) 控制运用,包括调度运用、操作运行、防汛值班等。

(3) 工程检查,包括日常检查、定期检查、专项检查、电气试验、等级评定等。

(4) 安全监测。

(5) 维修养护,包括混凝土及砌石工程、堤岸及引河工程、闸门、启闭机、电气设备、通信及监控设施、标志标牌、白蚁防治等。

(6) 安全管理,包括工程保护、注册登记、安全生产、安全鉴定、降等报废、病险工程管理、防汛物资管理等。

(7) 信息化管理,包括平台建设管理、智慧管理等。

(8) 技术档案管理。

(9) 精细化管理,包括工作任务、工作流程、工作制度、运行管理评价等。

经对水利工程运行管理技术标准需求分析,在国家标准、行业标准基础上,结合江苏现有的技术标准,提出了江苏省水利工程运行管理技术标准体系表(含地方标准及规范性文件、技术规定等技术性管理文件)及编制计划,共65项,详见表5-1。

5.1.2 管理制度

管理制度是组织、机构、单位管理的工具,是对一定的管理机制、管理原则、管理方法以及管理机构设置的规范。它是实施一定的管理行为的依据,是管理过程顺利进行的保证。合理的管理制度可以简化管理过程,提高管理效率。管理制度的使用范围极其广泛,大至国家机关、社会团体、各行业、各系统,小至单位、部门、班组。它是国家法律、法规、政策的具体化,是人们行动的准则和依据,因此,规章制度对社会经济、科学技术、文化教育事业的发展,对管理过程的维护,有着十分重要的作用。水利工程精细化管理需要建立健全刚性的制度体系,一般包括技术管理细则、规章制度和操作规程

表 5-1 江苏省水利工程运行管理技术标准体系表

序号	一级目录	二级目录	标准名称
1	控制运用	运行管理	《大中型水库调度规范》(DB32/T 3470—2018)
2			《江苏省水库技术管理办法》
3			《水库工程管理规程》
4			《水闸工程管理规程》(DB32/T 3259—2017)
5			《江苏省水闸技术管理办法》
6			《江苏省泵站技术管理办法》
7			《泵站工程管理规程》
8			《泵站反向发电技术规范》(DB32/T 3983—2021)
9			《江苏省水电站技术管理办法》
10			《小水电站管理规程》
11		运行调度	《超标准洪水应急预案编制导则》
12			《小型水库调度运用方案编制导则》
13			《水库运行效益评估技术导则》
14			《水闸运行规程》(DB32/T 1595—2010)
15			《江苏沿海挡潮闸防淤减淤运行规程》(DB32/T 2198—2012)
16			《水闸调度方案(计划)编制导则》
17			《泵站运行规程》(DB32/T 1360—2009)
18	工程检查及评级	工程检查	《水利工程检查规程》
19		电气试验	《江苏省水利工程电气试验技术规定》
20		等级评定	《水利工程等级评定规程》
21	安全监测	安全监测	《水利工程观测规程》(DB32/T 1713—2011)
22			《江苏省大中型水利工程安全监测方案(试行)》
23			《小型水库安全监测技术规范》
24	维修养护	混凝土及砌石工程	《水工混凝土建筑物养护修理规程》
25			《水工砌石建筑物养护修理规程》
26		堤岸及河道工程	《堤防工程技术管理规程》(DB32/T 3935—2020)
27		闸门	《水利工程钢闸门检修技术规程》
28			《水利工程钢丝绳养护修理规程》
29		启闭机	《水利工程卷扬式启闭机检修技术规程》(DB32/T 2948—2016)
30			《水利工程螺杆式启闭机检修技术规程》(DB32/T 3834—2020)
31			《水利工程液压式启闭机检修技术规程》(DB32/T 4636—2024)
32			《水利工程移动式启闭机检修规程》
33		主机组	《大中型泵站主机组检修技术规程》(DB32/T 1005—2006)
34		辅机系统	《泵站辅助设备系统检修技术规程》(DB32/T 3818—2020)

续表

序号	一级目录	二级目录	标准名称
35	维修养护	通信及监控设施	《江苏省水文自动测报系统数据传输规约》(DB32/T 2197—2012)
36			《水利工程自动化系统建设与维护技术规程》
37			《水闸监控系统检测规范》(DB32/T 3623—2019)
38		标志标牌	《水闸泵站标志标牌规范》(DB32/T 3839—2020)
39		白蚁防治	《堤坝白蚁防治技术规程》(DB32/T 1361—2009)
40	精细化管理	工作任务	《水利工程运行管理工作任务编制导则》
41		工作流程	《水利工程运行管理工作流程编制导则》
42		工作制度	《水利工程运行管理制度编制导则》
43		运行管理评价	《江苏省水利工程精细化管理评价办法》
44			《水利工程精细化管理评价标准》
45	安全管理	工程保护	《河湖和水利工程管理范围划定技术规程》(DB32/T 4402—2022)
46			《河湖和水利工程管理范围划界确权规范》
47		病险工程管理	《病险工程安全应急预案和限制运用方案编制导则》
48		防汛物资管理	《水利工程防汛物资管理规程》
49		注册登记	《泵站基础信息登记管理办法》
50		安全责任制	《省水利厅关于印发江苏省水库"四个责任人"履职手册(试行)的通知》
51			《小型水库巡查技术规范》
52		安全鉴定	《江苏省水库大坝安全鉴定实施细则》
53			《江苏省水闸安全鉴定管理办法》
54			《江苏省泵站安全鉴定管理办法》
55		降等报废	《水闸降等与报废管理标准》
56	信息管理	平台建设管理	《水利工程信息化系统建设与维护技术规程》
57		智慧管理	《智能水闸技术导则》
58			《智能泵站技术导则》(DB32/T 4638—2024)
59			《智能变电所技术导则》
60	管理保障	管理机构和人员	《水利工程运行管理定员定编标准》
61			《水利工程运行管理岗位设置规范》
62			《江苏省水闸工程管理单位机构设置和人员编制标准(试行)》
63			《江苏省泵站工程管理单位机构设置和人员编制标准(试行)》
64		管理经费	《江苏省水利工程养护修理预算定额》
65			《小型水库管护定额标准》

等,内容应满足工程管理需要,可操作性强。

　　1. 技术管理细则

　　水利工程技术管理细则主要包括总则、一般规定、工程概况、控制运用、运行管理、维修养护、工程检查与评级、工程观测、安全管理、技术资料与档案管理等。

（1）总则

对管理细则制定的依据、适用范围、主要内容、工程的管理任务与职责等进行说明。

（2）一般规定

详细说明工程管理考核、维修养护、检查评级、工程观测等方面的相关规定,建立的各项管理制度和规程等。

（3）工程概况

主要包括工程基本情况、加固改造、功能作用、管理范围、设计水位组合及历史特征值等。

（4）控制运用

主要内容为调度方案、控制运用要求、设备操作等。调度方案包括运行调度要求、调度的主要内容规定等,控制运用要求主要包括水利工程设备管理的一般规定、设备运行前的检查、运行中的监视、特殊情况下的巡查、故障处理和工程运行应备有的备品备件、器具和技术资料等,设备操作详细说明操作遵守的规定、运行操作主要内容等。

（5）运行管理

主要内容包括工程相关设备的运行管理等,对工程运行方式、机电设备运行管理进行总体说明。

（6）维修养护

主要内容包括土工建筑物、石工建筑物、混凝土建筑物养护修理,机电设备养护修理,电气设备养护修理,辅助设备与金属结构养护修理,自动监控设备养护修理,水文观测设施养护修理,维修养护项目管理等。

（7）工程检查与评级

包括日常检查、定期检查、专项检查、设备评级等。其中日常检查主要内容包括日常巡视频率、检查内容、经常检查要求、表格记录填写标准等。定期检查则主要包括汛前检查、汛后检查及专项检查,汛前检查着重检查岁修工程和度汛应急工程完成情况,安全度汛措施的落实情况,汛后检查着重检查工程和设备度汛后的变化和损坏情况。专项检查主要包括水下检查等,一般在每年汛前进行。设备评级主要包括工程机电设备和水工建筑物的评级,对评级周期、评级范围和评级要求进行详细说明。

（8）工程观测

包括观测项目、观测要求、观测资料整编与成果分析等。观测项目一般包括垂直位移、河床变形、扬压力、伸缩缝等。在工程观测工作中,工程观测设施布置、观测方法、观测时间、观测频次、测量精度、观测记录等应满足相关技术规范要求。观测资料整编的要求则主要包括观测分析报告编写、审查要求,观测记录及成果原件的归档要求等。观测成果分析主要包括工程概况,观测设备情况,设施的布置、型号、完好率、观测初始值,主要观测方法,主要观测成果,成果分析与评价,结论与建议等。

（9）安全管理

主要包括工程安全管理、安全运行、安全检修、安全鉴定等。工程安全管理包含防洪预案、反事故预案制定,"两票三制"制度,管理范围内水行政管理、安全警示标识设立、避雷设施及各类报警装置检查维修等内容。安全运行主要内容包括设备安全操作与运行一般要求,用电设备安全距离,设备操作安全技术要求和相关注意事项等。安全检修主要内容包括检修安全组织措施,高压设备检修作业注意事项,带电作业、登高作业技术要求等。安全鉴定主要包括安全鉴定的范围、安全鉴定条件、安全鉴定的程序、管理单位应承担的工作以及安全鉴定的后续工作等。

（10）技术资料与档案管理

主要内容包括档案收集、档案整理归档、档案验收移交、档案保管等。其中,档案收集主要包括工程技术文件分类、档案收集的要求、收集的内容;档案整理归档包括工程技术文件整理应达到的要求,工程技术文件组卷、案卷编目、案卷装订的要求,档案目录及检索的要求等;档案验收移交主要包括档案验收、档案移交的要求;档案保管包括档案室管理要求,档案保管要求。

2. 规章制度

水利工程管理相关规章制度主要包括控制运用、工程检查、工程观测、维修养护、设备管理、安全生产管理、档案管理、水政管理、教育培训、岗位责任制等方面。

（1）编制基本原则

管理单位根据国家的法律法规、行业规范的要求,结合工程实际,制定符合本单位的各项规章制度,建立完整的制度体系,包括日常管理的各个方面,制定包括制度起草、会签、审核、签发和发布等流程。规章制度的条文规定该项工作的内容、程序、方法,紧密结合工程实际,要具有较强的针对性和可操作性。制度的执行应提供相应佐证材料,并及时整理归档。

（2）控制运用制度

适用于调度管理、运行操作、值班管理等方面,一般包括调度管理制度、操作票制度、运行值班制度、运行现场管理制度、运行巡视检查制度、交接班制度等。

（3）工程检查制度

适用工程的日常检查、定期检查、专项检查等,主要包括工程检查的分类、检查周期、检查内容、检查时间、报告编写与上报、资料收集整理归档等相关要求。

（4）工程观测制度

主要包括观测项目,观测工作的基本要求,观测成果审核、分析和整理、上报,异常情况的处理,观测成果资料整编、归档以及观测成果应用等。

（5）维修养护制度

主要包括工程及附属设施的主要维修养护项目,维修项目的申报,方案编制要求,维修(养护)项目采购与合同管理,施工质量管理,过程安全管理,进度管理,资金管理,结算及造价审计,完工验收及竣工验收,管理卡填写等方面内容。

(6) 设备管理制度

主要包括编制操作规程,组织运行人员学习、演练、使用的要求;设备建档挂卡、编号、旋转方向指示的规定;设备缺陷登记内容、程度、类别及消除措施,存在问题、时间等记录要求;设备日常养护频次及要求;设备试验、校验的规定;根据缺陷的严重程度,进行分类、汇报及处理的规定等内容。

(7) 安全生产管理制度

主要包括安全目标管理制度,安全生产责任制,安全生产投入管理制度,安全教育培训管理制度,法律法规标准规范管理制度,危险源辨识与安全风险评价管理制度,安全风险管理、隐患排查治理制度,特种作业人员管理制度,建设项目安全设施、职业病防护设施"三同时"管理制度,作业活动管理制度,危险物品管理制度,消防安全管理制度,用电安全管理制度,安全保卫制度,职业病危害防治制度,劳动防护用品(具)管理制度,应急管理制度,事故管理制度,相关方管理制度,安全生产报告制度等。

(8) 档案管理制度

主要内容有档案分类的相关规定,各类档案的归档范围,各类档案的保管期限,档案的收集、移交责任分工和相关手续,档案的整理、归档,档案的保管、借阅,档案的编研,档案库房的巡查及安全措施,档案设备设施管理维护,档案的保密规定,相关资料台账等。

(9) 水政管理制度

主要内容有水行政管理人员职责,水政巡查的范围,巡查的频次、内容、记录等规定,水法规宣传的范围、内容,水法规学习培训、水政人员继续教育,水事违法问题的处置事项,涉河建设项目的许可前服务、许可后签订占用补偿协议、设立公示牌、施工方案审查、跟踪巡查、督促整改、参与验收等监督管理程序,水政巡查装备的管理,水政执法活动的安全保障,巡查记录、月报表和年度统计报表等。

(10) 教育培训制度

主要内容包括学习培训需求,培训计划的制订和审批,培训计划的执行,培训效果的评价,教育培训台账等。

(11) 岗位责任制

主要内容包括单位负责人岗位职责,技术人员岗位职责,运行工岗位职责等。

3. 操作规程

(1) 编制基本原则

操作规程以工程设计和操作实践为依据,确保技术指标、技术要求、操作方法科学合理,成为人人遵守的操作行为指南。管理单位在编制过程中,保证操作步骤的完整、细致、准确、量化,有利于设施设备的可靠安全运行,同时要注意各操作规程之间的衔接配合,应与优化运行、节能降耗、提高效率等相结合,明确岗位操作人员的职责,做到分工明确、协同操作、配合密切。操作规程应在实践中及时修订、补充和完善,在采用新技术、新工艺、新设备、新材料时必须及时以补充规定形式进行修改或进行全面修订。

（2）泵站运行规程

主要包括泵站运行人员的分工与职责,开机前的准备工作,操作前检查的主要内容及要求,主变投运及站用电源切换,辅机设备投运,开停机操作,机电设备运行巡查,泵站运行事故及不正常运行处理等。

（3）闸门启闭操作规程

主要包括启闭前的准备工作,设备操作对工作人员的要求,启闭前检查的主要内容及要求,闸门启闭顺序及启闭过程中的注意事项,启闭后核对的内容,启闭记录的填写要求等。

（4）配电设备操作规程

主要包括配电设备操作对工作人员的要求,停送电操作步骤及应采取的安全保障措施,需要带电作业时,应做好安全技术措施及监护要求,启用柴油发电机组备用电源时的操作程序及要求,电气操作记录的填写要求等。

（5）柴油发电机组操作规程

主要包括启动发电机组前检查的内容及其他准备工作,机组启动的步骤及要求,柴油机启动后,转速的调整及水温、油温的控制,空载运行正常后变阻器调整及电压和频率的控制,送电的步骤和要求,机组运行过程中的安全措施及注意事项,停机的步骤及要求等。

（6）高压开关室操作规程

主要包括高压开关设备投运前检查的主要内容及要求,高压开关投运操作步骤和注意事项,高压开关停运操作步骤和注意事项,高压开关设备运行过程中巡视检查的内容及注意事项,高压开关紧急停运的操作条件和要求,操作记录的填写要求等。

（7）低压开关室操作规程

包括低压开关投运前检查的主要内容及要求,低压开关投运操作步骤和注意事项,低压开关停运操作步骤和注意事项,低压开关紧急停运的操作条件和要求,低压开关设备运行过程中巡视检查的内容及注意事项,操作记录的填写要求等。

（8）励磁室操作规程

包括励磁开关设备投运前检查的主要内容及要求,励磁柜投运操作步骤和注意事项,励磁设备投运后的检查内容,励磁柜停运操作步骤和注意事项,励磁控制设备主、从机切换运行的步骤及要求,励磁开关设备运行过程中巡视检查的内容及注意事项,操作记录要求的填写要求等。

（9）行车操作规程

包括行车启用前相关检查内容，行车送电步骤及注意事项，起吊时挡位操作顺序及换挡要求，行车工与挂钩工的相互配合要求，起吊路线选择，重吨位物件试吊要求，行车突然停电应急处置，反接制动相关工作要求，起吊结束后工作要求等。

（10）空压机操作规程

包括空压机运行前相关检查内容，空压机启动步骤及注意事项，空压机运行过程中检查内容，设备故障处置和紧急停机相关要求，主、从机切换运行的步骤及注意事项，空压机停运相关工作要求等。

5.1.3 操作手册

水利工程精细化管理操作手册是详细描述工程状况、管理标准、工作流程及操作步骤等方面内容的说明书。它可以帮助水利工程管理人员全面快速地了解某项工作的业务知识和全过程管理要求，指导工作规范、精细开展。水利工程精细化管理操作手册是提升水利工程工作成效，增强整体执行力，有效防止违规操作，保证工程安全运行的重要保证，是推动水利工程实现精细化管理的基础，是水利工程精细化管理成果的重要组成部分。

水利工程精细化管理操作手册以单座工程为单位，实行"一工程一事一册"，且以工作流程为主线，明确单项工作实施过程的作业任务、职责分工、管理标准、作业流程、操作步骤、注意事项、资料台账等方面要求，体现全过程管理的思想，主要包括工程的管理标准、作业流程及操作步骤等三个方面内容，具体针对工程的控制运用、工程检查、工程观测、工程评级、维修养护、安全生产等水利工程重点工作进行操作指导。

一是作业任务及职责分工。作业任务是水利工程控制运用过程中某项作业涉及的具体任务、工作内容、时间频次等，职责分工则明确作业的责任主体、职责范围以及如何实施等内容。作业任务和职责分工能够让管理者明晰自身工作职责所在，其主要内容包括工程调度管理、设备操作和运行值班。调度管理主要涵盖调度指令的接收、执行的具体要求；设备操作主要含盖泵站执行站投运，主机泵开机、停机、优化调度，水闸闸门启闭，堤防检查，维修养护，害堤动物预防、治理等。运行值班主要明确值班人员的分工及岗位职责。

二是管理标准。管理标准是对管理中重复性事物和概念所做的统一规定，是指导和衡量水利工程管理的尺度，是保证管理目标任务执行到位的前提，是克服管理随意性、粗放式、无序化的有效手段，可衡量工程状态和管理结果。水利工程精细化管理标准包括控制运用、工程检查、养护维修、安全生产等十一项工程管理标准，涉及设备设施管理、安全鉴定、日常检查、项目管理、运行值班、业务培训工作等水利工程日常管理的各个环节，是水利工程运行安全、工程效益充分发挥、管理效能显著提升的重要保障。

三是作业流程。作业流程是将工程管理任务沿纵向细分为若干个前后相连的工序单元,将作业过程细化为工序流程,然后进行分析、简化、改进、整合、优化,达到相互衔接、环环相扣的效果,保障工作有效高效推进。水利工程精细化管理作业流程是在管理标准的基础上,进一步明确工作实施的路径、方法和要求,实现从工作开始到结束的全过程封闭式规范化管理,涉及指令执行、运行值班、日常检查、工程评级、垂直位移(河道断面)观测、养护(维修)项目管理、安全检查、档案管理等方面的工作流程,是确保水利工程管理每一步骤、每一个环节都有效、规范,大大减少误操作的重要保证。

四是操作步骤。操作步骤是依据管理标准要求,按照工作流程,呈现工程管理中某项具体作业从开始到结束全过程中的每一步骤、每一环节的详细操作方法。水利工程精细化管理操作步骤明确了作业涉及的工作任务,具体内容,事前、事中及事后作业实施步骤,注意事项及应急处置措施等内容,包括变电所倒闸、泵站开关机、水闸开关闸、设备设施日常检查、垂直位移(河道断面)观测、设备设施维修养护等水利工程管理中重要作业的操作方法,是遵循规范化标准化管理理念,凸显个性化管理,保证工程安全运行的重要准则。

五是注意事项及资料台账。注意事项是作业过程中需要注意的相关事项和处置措施,尤其是涉及运行安全、个性化的管理要求。台账资料是某项作业所形成的全部相关资料文件以及整理归档的相关要求等。

以江苏省泰州引江河管理处高港枢纽和大溪水库为例,说明泵站工程开关机、水闸工程开关闸运行操作及水库防洪调度的具体工作标准、工作流程和操作步骤。

1. 泵站工程运行操作

(1) 运行操作工作标准

泵站工程机组开关机运行操作工作标准分为运行前准备和设备操作两项,共十二条内容,具体标准如表5-2所示。

表5-2 泵站工程运行操作标准

序号		标准内容
1	运行前准备	接到开机命令后,运行值班人员应及时就位,准备所需工具和记录纸等
2		现场检查应无影响运行的检修及试验工作,拆除不必要的遮拦设施,有关工作票应终结并全部收回
3		主水泵运行前应对进、出水池及上、下游引河进行检查;检查检修门应在开启位置;辅助设备工作正常;检查真空破坏阀、快速闸门、拍门等断流设施动作灵活可靠,动作信号反应准确
4		应测量定子和转子回路的绝缘电阻值,电动机定子回路绝缘电阻应符合规范要求,且吸收比不小于1.3,转子绝缘电阻值≥0.5 MΩ;检查定子空气间隙内无异物、加热装置停止加热、励磁装置工作正常、通风机工作正常等;检查顶车装置与转子分离
5		长期停用、检修后电气设备、辅机设备投入运行前应进行全面详细的检查,电气设备应测量绝缘值并符合规定要求,辅机设备转动部分应盘动灵活,并进行试运行

序号		标准内容
6	设备操作	机电设备的操作应按规定的操作程序进行,严格执行操作票制度
7		运行操作应在上位机监控系统中进行,按上位机操作票的顺序进行操作;操作人员接到命令后,打开操作票界面,并根据现场和操作票的要求进行操作
8		电气闭锁回路只有在试验、检修时才可解除,在运行状态下禁止解除闭锁;禁止在电气开关机构操作箱进行合闸操作,紧急情况下可进行分闸操作
9		机电设备启动过程中应注意机电设备的声音、振动等情况
10		运行机组变动,需报上级主管部门备案
11		投运机组台数少于装机台数时,宜轮换开机
12		开停机应填写开停机操作票

(2)运行操作工作流程

泵站工程机组开关机运行操作流程包括接受指令、检查现场情况、机组操作、巡视检查及异常情况处理等内容,具体流程如图 5-1 所示。

注意事项:开关机应按照上级部门下达的调度指令执行,不得接受其他任何单位和个人的指令;在初始运行或停止运用时,由上级部门通知站所主要负责人执行;在正常运行阶段,上级部门可根据水情需要进行调度,指令直接下达到当值人员,或通知本所负责人执行;接到指令后,应立即执行,执行完毕后,汛期回复上级部门,非汛期回复上级部门或指令人,以便进行备案;机组变动,需报上级部门备案;运用调度指令接收、下达和执行情况应认真记录,记录内容包括:发令人、受令人、指令内容、指令下达时间、指令执行时间及指令执行情况等;运行期间应随时检查电话、网络等通信设施,保持 24 小时通讯畅通,若遇故障应及时通知相关部门修复。

(3)运行操作工作步骤

以 4# 机组"排涝"工况为例。

——开机前的准备工作:

电话通知水政、船闸、水文站开机调度指令内容,打开江口宣传录音,确认音响正常。

检查主机定转子绝缘:①检查定子绝缘。电动机定子回路绝缘电阻测量,采用 2 500 V 摇表测量,绝缘电阻≥10 MΩ(一般绝缘电阻应≥1 MΩ/kV),且吸收比不小于 1.3,将检查结果记录在操作票。②检查转子绝缘。转子绝缘电阻值测量,采用 500 V 摇表测量,绝缘电阻分别≥0.5 MΩ,测量结果合格后记录在操作票上;测量结果不合格,记录在主电机绝缘检查记录簿上,机组不能进行开机操作,待处置后再测量。

检查上、下游进出水河道。检查上、下游河道内有无船只及人员,若有应予以通知并及时喊话驱赶撤离,并联系水政部门,请其驱赶,保证进出水河道无异常。

检查主机油缸。检查上、下油缸油位、油色是否正常,检查泵盖自吸排水泵是否工作正常。

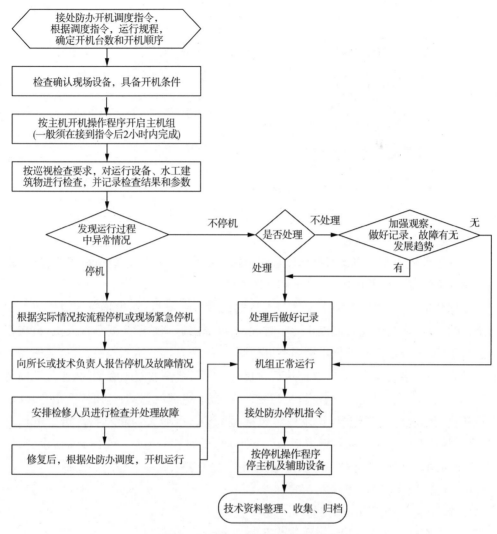

图 5-1 泵站工程运行操作流程图

送交直流电源。交流电包括：低压柜闸门控制电源、供水泵电源、叶片调节结构电源、泵房检修动力柜转速表电源；直流电包括：上下游闸门控制、上下游闸门电磁铁、可控硅。

检查微机监控系统。检查微机监控系统通讯是否正常，电源、卡件工作是否正常，在微机监控系统泵站运行状态图界面旋转"排涝"工况。

调试励磁系统。给励磁装置送入交流 380 V、直流 220 V 电源，"交流电源""直流电源"灯亮，并检查继电器插接是否牢固；合上调节器交直流开关，液晶屏幕显示是否正常；操作液晶触摸屏，点击"合空气开关"；液晶触摸屏确认合空气开关，空气开关自动合闸；操作液晶触摸屏面板或"调试/工作"按钮，将励磁工况改为调试；操作液晶触摸屏面板或"投励/灭磁"按钮，手动投励，无故障提示且励磁电流电压表指示无异常；

按"增磁""减磁"按钮,观察励磁电压表、电流表指示应随之变化;检查风机运转是否正常;操作液晶触摸屏面板或"投励/灭磁"按钮手动灭磁,励磁电压表、电流表指示降至0;等待开机命令。

检查微机保护系统。检查微机保护柜压板是否连接牢固,后台通信是否正常。

检查碳刷滑环、紧急停机按钮。检查碳刷长短是否适中,压紧弹簧压力是否正常,滑环表面是否光滑;检查紧急停机按钮是否处于弹出位置。

检查上、下游闸门工作应可靠。检查内河侧(上游)下道门,在现场控制柜启、停、落闸门应正常,快关旋钮置"停止"位;检查长江侧(下游)上道门,在现场控制柜启、停、落闸门应正常,快关旋钮置"停止"位。控制室通过微机监控操作上道门启、停、快关。

检查供排水系统。检查供水系统工作是否可靠,机组相应闸阀应在打开位置。

调整叶片角度。通过现场控制箱增减或微机监控增减按钮,将主泵叶片角度调至 $-4°$ 位置,等待开机。

——开机操作:

开启 4# 机组的所有进出水闸阀,启动供水泵,应保证供水母管压力在 0.15—0.2 MPa 范围内。

将上游侧下道进水闸门打至全开位置。在现场将下道闸门提至全开位置,并确认闸门高度。

励磁系统调节良好,将控制方式调至"自动"状态,励磁工况调至"工作"状态。

将 4# 主机高压柜工况选择转换开关旋至排涝位置。

启动微机系统,微机实时控制应正常,并设定在排涝状态。

将 4# 风机开关合上,将控制旋钮置自动位。

检查 4# 主机高压开关柜开关送电范围内确无遗留接地。

将 4# 主机高压开关柜开关手车由试验位置推至工作位置。此操作必须在高压柜前由两人完成,1 人操作 1 人监护,进车摇柄按顺时针方向将手车摇进工作位置,然后将 4# 主机高压开关柜开关(现场高开柜储能按钮)储能,并在微机监控系统"4# 机组运行状况"界面确认"4# 手车工作位置""4# 手车弹簧已储能"。

合上 4# 主机高压开关柜开关,检查 4# 主机高压开关柜开关确在合闸位置。高压开关合闸后,投运机组得电,启动运转,下游侧上道门(A 闸门)迅速上升,机组顶端运行指示灯亮,风机自动投入运行,励磁系统自动投入,机组进入同步运行,机组得电的同时对应的上道门(A 闸门)应迅速上升,如未上升,根据反事故预案现场手动提闸门。

检查励磁投入正常。若主机启动 15 秒后仍不能牵入同步或启动后出水闸门不能开启或出现其他异常情况,应紧急手动分闸、停机。

检查主机各运行参数是否正常。主要检查监控界面及高低压励磁柜现场仪表。

将叶片角度调至 $+2°$ 运行。机组运行平稳后,根据调度需要,将叶片角度调至规定角度运行。

——停机操作：

将 4♯主机叶片角度调至＋4°。

手动降机组上道门（出水门）。此操作应在现场控制柜进行，降闸门时，现场操作员与控制室操作员保持通信畅通，随时报告闸门高度。

分开 4♯主机高压开关柜开关。当闸门高度接近 2 m 时，由控制室操作员通过微机监控系统"4♯机组运行状况"界面点击"分闸"按钮完成。

检查 4♯主机高压开关柜开关确在分闸位置。确认微机监控系统"4♯机组运行状况"界面"4♯机开关断开"，高压室 4♯机组进行柜"分闸指示"灯亮，机械指示正确。

检查出水闸门应正常快落关闭，否则在现场拨动相关闸门控制箱上"快落"旋钮，使闸门快速关闭。主机开关分闸后，自动联动闸门控制回路，使出水闸门（A 闸门）正常快速关闭。

检查相应励磁装置是否自动灭磁，按下"调试/工作"按钮，将励磁工况改为"调试"；将操作模式旋钮开关旋至"就地"位；分断励磁装置交流电源开关和直流电源开关。

将 4♯主机手车开关由"工作"位置拉至"试验"位置。此操作必须在高压柜前由两人完成，1 人操作 1 人监护，通过解锁手柄解锁，进车摇柄按逆时针方向将手车摇出至试验位置。

待 4♯主机快落闸门落到底后，将主机高压柜工况选择转换开关旋至"0"位置。

2. 水闸工程运行操作

（1）运行操作工作标准

水闸工程开关闸运行操作工作标准分为运行前准备和启闭操作两项，共十条内容，具体标准如表 5-3 所示。

（2）运行操作工作流程

水闸工程开关闸运行操作流程包括开闸前准备、检查现场及工况情况、闸门操作、巡视检查等内容，具体流程如图 5-2 所示。

表 5-3　水闸工程运行操作标准

序号		标准内容
1	运行前准备	接到启闭指令后，值班人员应及时就位
2		检查上游、下游管理范围和安全警戒区内有无船只、漂浮物或其他影响闸门启闭或危及闸门、建筑物安全的施工作业，对发现的问题进行妥善处理
3		检查闸门启、闭状态，有无卡阻、淤积；检查启闭设备、监控系统及供电设备是否符合运行要求；观察上下游水位和流态，检查当前流量与闸门开度
4		通过警报或扩音器提前做好开闸预警工作

序号		标准内容
5	启闭操作	应由持有上岗证的闸门运行工或熟练掌握操作技能的技术人员按规程进行操作
6		过闸流量应与上下游水位相适应，使水跃发生在消力池内；当初始开闸或较大幅度增加流量时，应分次开启，每次泄放的最大流量、闸门开启高度应分别根据"始流时闸下安全水位-流量关系曲线""闸门开高-水位-流量关系曲线"确定；在闸下水位稳定后才能再次增加开启高度
7		过闸水流应平稳，避免发生集中水流、折冲水流、回流、漩涡等不良流态；关闸或减少过闸流量时，应避免下游河道水位下降过快
8		多孔水闸宜同时均匀启闭，不能同时启闭的应由中间孔向两侧依次对称开启，由两侧向中间孔依次对称关闭；闸门启闭过程中，应避免停留在易发生振动的位置
9		闸门开启后，应观察上下游水位和流态，核对流量与闸门开度
10		闸门运用应填写启闭记录，记录内容包括：启闭依据、操作时间、操作人员、启闭顺序、闸门开度及历时、启闭机运行状态、上下游水位、流量、流态、异常或事故处理情况等

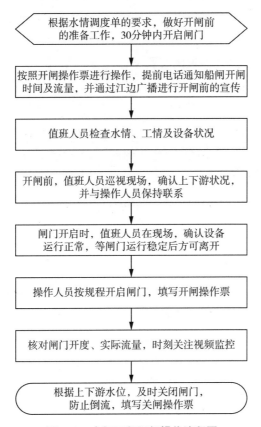

图 5-2　水闸工程运行操作流程图

注意事项：开关闸应按照上级部门下达的调度指令执行，不得接受其他任何单位和个人的指令；在初始运行或停止运用时，由上级部门通知站所主要负责人执行；在正常运行阶段，上级部门可根据水情需要进行调度，指令直接下达到当值人员，或通知本所负责人执行；接到指令后，应立即执行，执行完毕后汛期回复上级部门，非汛期回复上级部门或指令人，以便进行备案；运用调度指令接收、下达和执行情况应认真记录，记录内容包括：发令人、受令人、指令内容、指令下达时间、指令执行时间及指令执行情况等；运行期间应随时检查电话、网络等通信设施，保持 24 小时通讯畅通，若遇故障应及时通知相关部门修复。

（3）运行操作工作步骤

——开闸前的准备：

节制闸开闸前，提前 60 分钟播放无线喇叭，对江口渔民及过往船只进行宣传，联系船闸，告知开闸时间、流量，让其对船民进行宣传。

检查上下游管理范围和安全警戒区内有无船只、捕鱼人员，如有，立即进行喊话驱赶。

检查上下游水面漂浮物或其他阻水障碍，并进行妥善处理。

检查启闭设备、闸门、钢丝绳、电源、仪表及润滑系统是否正常，是否符合安全运行要求。

检查钢丝绳压板是否紧固，抱闸装置是否可靠。

——开闸操作步骤：

分析水位趋势图，估算本次开闸时间。

开闸前约 60 分钟，播放无线喇叭，对江口渔民及过往船只进行宣传。

开闸前约 30 分钟，联系船闸，告知开闸时间及流量，并请其对上下游船民进行宣传。

开闸前约 30 分钟，联系水政部门巡逻人员，告知开闸时间及流量，并记录告知人姓名。

操作人员通过视频监控查看上下游河面、引江口门情况。如有异常，与相关部门联系。

临开闸前，巡视人员带上巡更棒、对讲机、手电筒及扩音器等到开闸现场，进一步确认上下游引水区域无影响工程安全运用和因引水会危及他人人身安全的情况，并用巡更棒留下巡查记录。

确认无任何异常后，用对讲机联系控制室操作人员，以 100 m^3/s 的安全始流流量开闸，完成后离开现场。值班员记录本次开闸时间。

以 100 m^3/s 流量运行 30 分钟。视频系统监视上下游、引江口门无异常。

调整引流流量为 200 m^3/s。记录开始调整时间。

以 200 m^3/s 流量运行 30 分钟。视频系统监视上下游、引江口门无异常。

调整引流流量为调度流量。记录开始调整时间。

闸门运行期间，必须经常使用视频系统监视上下游、引江口门情况。

——关闸操作步骤：

联系船闸，告知关闸时间，请其对上下游船民进行宣传，防止上游船只搁浅。并记录对方接线人员姓名、电话和时间。

如上下游水位相平，正常关闸，值班人员至现场进一步确认闸门位置。否则，执行以下要求：调度引水一般时间较长，丰水期一般长江水位比内河水位高，可24小时引水，不需要关闸；枯水期低潮位时，长江水位会低于内河水位，当落潮至两侧水位相近时，需及时关闭闸门，防止倒流，此时将闸门关闭并记录操作时间；如接调度指令或其他特殊情况关闸，上下游存在水位差，需按操作票步骤执行，分次、分段降闸门。

将闸门关闭，记录操作时间。

值班人员至现场进一步确认闸门位置。

分断低压室闸门启闭交流电源。

3. 水库防洪调度操作

（1）防洪调度工作标准

水库防洪调度操作分为调度规程或调度运用方案、防洪调度方案、防洪调度、考评及总结等五个方面的内容，具体标准如表5-4所示。

表5-4　水库防洪调度操作标准

序号		标准内容
1	调度规程或调度运用方案	有经批准的调度规程或调度运用方案，调度制度完善，并严格执行
2	防洪调度方案	编制防洪调度方案，报批后执行，防洪调度方案应包括：核定特征水位、制定实时调度运用方式、制定防御超标准洪水的非常措施、绘制溃坝淹没范围图、明确实施水库防洪调度计划的组织措施和调度权限等
3	防洪调度	严格执行上级防洪调度指令
4	考评	汛后或年底进行洪水调度自评，填写"水库洪水调度考评表"报上级主管部门
5	总结	编写年度防洪调度总结并上报

（2）防洪调度工作流程

水库防洪调度操作流程包括编制防洪调度运用计划并报批、组织演练、执行防洪调度指令、开展报汛和洪水预报等内容，具体流程如图5-3所示。

注意事项：应该根据批准的防洪调度运用计划组织开展演练；应根据水情、雨情的变化，及时修正相关参数，完善洪水预报方案；在汛期应实施24小时值班制，现场值班人员不少于2人；汛期应严格执行汛限水位规定，不得擅自超汛限水位蓄水。

（3）防洪调度工作步骤

管理处根据水库安全状况、汛期管理制度及防洪调度原则等内容及时组织编制防洪调度运用计划并报上级主管部门审批。大溪水库的防洪调度服从江苏省防汛防旱

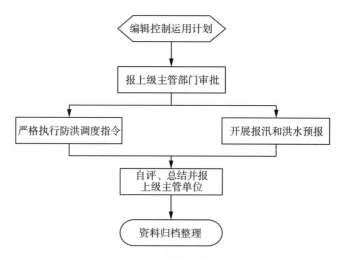

图 5-3　水库防洪调度操作流程图

指挥部、常州市防汛防旱指挥部和溧阳市防汛防旱指挥部指挥,严格按其指令执行,不得接受其他任何单位或个人的指令。

管理处应及时组织或参加水库防洪应急演练。演练应设置明确蓝本,对水库防洪调度进行复盘,主要演练大坝巡查、水情监测、闸门启闭等工作流程以及根据调度指令启动溢洪闸进行泄洪,泄洪闸闸门启动过程中突然断电需立即启动备用电源等突发情况的应对预案。

工程管理科根据要求严格执行防洪调度指令。可视水雨情及上游来水情况采取预泄措施。当水库水位超过汛限水位时,应及时开闸泄洪,尽可能将库水位降至汛限水位,泄洪应兼顾下游防洪安全。洪水退水阶段,应在兼顾下游安全的基础上,按照尽快降至汛限水位的要求泄洪,腾出防洪库容,准备好应对下一阶段洪水。在保证工程安全、满足调度指令要求的前提下,应采取适当的运行方式,防止或减少岸坡坍塌、河床淤积及水质污染。

根据水库水位控制溢洪闸泄量。大溪水库汛期限制水位确定为 14.00 m。当水库水位高于 14.00 m、低于 14.50 m 时,溢洪闸控制泄量不超过 30 m³/s;当水库水位高于 14.50 m、低于 15.38 m 时,溢洪闸控制泄量不超过 70 m³/s;当水库水位高于 15.38 m、低于 15.48 m 时,溢洪闸控制泄量不超过 120 m³/s;当水库水位高于 15.48 m、低于 15.98 m 时,溢洪闸敞泄不再控制;当水库水位高于 15.98 m 时,按超标准洪水执行调度。溢洪闸的控制运用,除严格按照设计指标作为运用的依据外,还须考虑目前水库附近河流的情况控制下泄流量,以策安全。

水文站开展报汛和洪水预报。水文站应组织专业技术人员对自动测报系统数据进行校对并测报,同时根据水情、雨情的变化及时修正和完善洪水预报模型系统参数,并及时预报信息。及时填写水雨情资料、洪水预报资料等。

调度指令执行记录和上报。对有权限的上级主管部门的调度指令详细记录、认真复核,填写大溪水库调度运用记录表、水库调度记录表、值班记录等,指令执行完毕后填写执行记录并立即向市防指报告指令执行情况及存在问题。

汛后进行洪水调度自评,填写水库洪水调度考评表上报主管部门。

年终编写年度防洪调度总结并上报主管部门。

按要求将防洪调度全过程资料进行整理归档。

5.2 水利工程信息管理

水利工程信息管理是充分利用现代信息技术、物联网、计算机、人工智能、数学模型、数字推演等方法和技术,统筹安全运行、优化调度、高效管理等核心需求,通过统计技术量化管理对象与管理行为,实现计划、组织、运行、监测、检查、控制、协同、创新等多职能的管理活动,推动管理精细化与信息化、数字化的有机融合,对水利工程全要素、全方位精细化管理提供技术支撑。

5.2.1 信息管理需求分析

1. 水利信息技术发展形势需要

信息技术日新月异,引领了社会生产新变革,创造了人类生活新空间,拓展了国家治理新领域,人类认识世界、改造世界的能力得到了极大提高。新时代推进水利现代化建设,必须高度重视并大力推进工程管理数字化、信息化、智能化,按照"数字中国"国家战略和水利部"智慧水利"建设的总体要求,探求水利工程管理领域的实现形式,致力于工程监控智能化、业务管理信息化和行政办公自动化,以数字技术赋能高效管理。

对照水利现代化建设的新形势,现阶段水利工程管理信息化、数字化、智能化水平还不高,存在着信息资源开发与利用不足、数字化信息化应用覆盖面不够广、智能监控深度与能力水平不足、与工程管理实际需求结合不够紧密等问题与短板。精细化管理为信息化建设提供现实业务需求,信息化建设为精细化管理落地提供重要技术支撑,以信息化支撑精细化、以精细化促进信息化成为可行之策。

2. 水利工程信息管理服务范围

水利工程信息管理主要服务工程调度运用和业务管理,涵盖工程调度运行管理、检查监测、设备设施管理、维修养护管理、安全生产、档案资料、制度标准、任务管理、效能考核等水利工程管理重点工作,力求实现安全高效的控制运用与精细规范的业务管理,构建水利工程精细化管理理论指导与信息化技术支撑相融合的协同机制。

3. 水利工程信息管理总体思路

水利工程信息管理以工程安全高效运行为核心,紧扣标准化精细化管理要素,兼顾行业管理新业态,把握工程管理的事项、标准、流程、制度、考核、成效等重点管理环节,体现系统化、全过程、留痕迹、可追溯的思路,构建运管一体化的信息平台,实现管理流程闭环化、过程管控智能化、成果展示可视化,促进精细化管理工作落地见效。

5.2.2　信息管理技术路径

1. 管理流程闭环化

水利工程精细化管理涉及多项工作任务,不同工作任务具有不同复杂程度的工作流程,为规范管理流程、固化管理行为,克服工作执行过程的随意性,需将不同工作的内容、方法、步骤、措施、标准和人员责任等形成完整的信息链,推行流程化闭环管理,打破常规业务系统各业务模块割裂独立的格局,实现工作任务编制—下达—办理—跟踪—总结评价全流程管理。

（1）形成任务流程

为满足多业务全流程闭环管控的需求特点,需要对各项工作任务流程进行梳理整合,明确各流程节点、流动路径、节点角色、数据权限等,并形成规范化工作流程图。

（2）配置工作流引擎

采用数据模型技术、工作流技术、低代码应用生成技术,为平台各类流程化应用处理提供基础的工作流引擎,实现工作流模板编制、工作流程启闭与过程管控的全流程自定义。针对各类型水利工程的部分重点工作任务,运用数字化流程管理手段实现业务流程固化,使操作者、管理者可以全程在线完成任务编制、电子签审、任务执行反馈、任务后评价各管理环节,摆脱纸质办公,用数字化手段全过程实现管理流程透明化。

（3）执行反馈追溯

将任务管理过程与效能考核、电子档案等实现双向关联、耦合应用,约束各项计划落实到位、及时处理,将任务完成情况作为量化考核指标,并以真实操作记录为反馈依据,做到工作任务成果可评价、工作责任可追溯。用信息化手段实现各项工作任务"事项、标准、流程、制度、考核、成效"等重点管理环节的落地,真正实现工作从开始到结束的全过程闭环式管理,使工作过程清单化、流程化、电子化,使管理过程更加可控、成效更有保证。

2. 过程管控智能化

水利工程调度运行管理、设备设施管理、工程安全风险管控等是水利工程管理的重点、难点,运用信息化手段将工作内容、工作流程、工作标准进行组织细化,破解现实管理过程中的难题,辅助管理者、操作者提升水利工作效率和管理水平。

（1）水利工程运行管理

水利工程安全高效运行是水利工程管理的核心工作,水利工程的精准调控需要构建、控制、运用信息化系统,实行闭环式运行调度,与监控系统数据实时同步,做到闭环管理、按规操作、防误闭锁、有据可查、过程可溯,保证调度权限清晰、指标标准、执行高效。

　　构建水利工程统一信息模型,整合规划水利业务数据资源,为精细化管理信息化管理平台提供高质量的水利信息资源池。借鉴电力领域国际标准 IEC 61850 信息建模技术,建立适用于水利工程的统一信息模型,通过对水利工程机电设备及逻辑控制功能等进行统一模型定义,并建立与水利工程设备编码的映射机制,实现不同厂商自动化测控信息的语义理解,有效解决不同厂商现地测控装置之间集成难题,实现设备间的互操作以及自动化和信息化系统无缝集成,提高水利工程设备及业务系统的互操作性,达到"一次采集、多处应用"的数据贯通和共享利用,提升水利工程业务系统的灵活扩展和协同联动。同时,实现不同厂商现地测控装置监测数据的接入,为建立精细化管理信息、管理平台提供完备、可靠的数据来源。

　　实现调度令下发—指令分解—开操作票—执行操作—现场信号反馈—完成调度的过程流转与在线跟踪,做到操作全过程有数据可依、有痕迹可查。常规运行调度中,防汛人员多终端操作,调度过程缺乏可靠数据支撑与及时反馈。运用信息化手段辅助水利工程调度运行,对上级调度指令进行细化与组织实施,构建从调度下达、指令接收、执行操作到结果反馈的闭环式运行调度模式。调度执行实现按值操作,通过自动化排班系统电子排班,有效规范排班行为,约束并记录值班过程。同时,在调度过程中可实时调用票种库,在线开具、签审及执行各类操作票,调度执行结果与监控系统数据实时同步,以设备实际运行工况作为调度结束的反馈条件,做到闭环管理、按规操作、防误闭锁、有据可查、过程可溯,保证调度权限清晰、方案科学、指标标准、执行高效。

　　(2)设备全生命周期管理

　　机电设备是泵站、水闸等水利工程的重要组成部分,作为资产密集型工程,设备的可靠运行是水利工程生产技术管理的关键所在。针对水利工程设备数量多、种类杂和关联性强的特点,需建立符合水利工程运行实际情况的设备全生命周期管理体系,利用信息化手段管理设备建档、评级、维修养护、故障运维、设备台账编制等全过程,以提高工作效率、降低设备故障率和减少主设备非计划停运时间。

　　设备自适应编码。以国家标准《固定资产等资产基础分类与代码》(GB/T 14885—2022)为指导原则,借鉴其他行业类似工程编码机制,构建出水利枢纽工程—水闸/泵站—建筑物—机电设备—零部件多级编码机制,实现设备自动编码,灵活适应各类编码规则,可以更好地对设备对象进行统一标识和管理。编码宜采用分层、分类的方法,采用"字母+数字"的方式,对设备进行编码,用于标识水利工程所管辖设备的所属位置,便于管理人员高效、准确地定位管理所有设备。

　　设备故障智能运维。针对设备设施的缺陷及隐患实现精准定位、闭环式管理。基于二叉树算法的水利信息化系统故障快速定位方法,精准快速地诊断出设备出现的故障,并与设备巡检、检修工单、工作票管理等功能模块联合使用,派发处理任务,记录缺陷消除过程,提升系统故障的处理效率,提升现场运维水平,保障水利工程安全稳定运行。技术路线如图 5-4 所示。

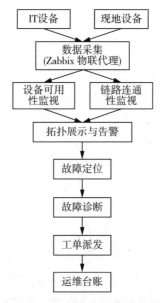

图 5-4 设备故障运维技术路线

设备动态管理。将传统静态设备管理卡赋予动态更新能力，以唯一编码为身份识别号码，以二维码为"设备身份证"，以设备日常管理为主线，对各类设备资产从投入到退出，包含建档、评级、检修、缺陷处理、备品备件、物资出入库等一系列活动进行全生命周期管理。

（3）水利工程安全风险评判预警

精准及时发现设备及工程运行过程中存在的问题隐患，并进行及时预警是水利工程安全稳定运行的关键诉求。通过对水利工程监测监控信息的精准感知、动态分析与告警推送，对潜在风险进行研判并提供处置方案，可有效辅助运行管理人员及时发现隐患，帮助运维人员准确地掌握业务状态和威胁，高效处理故障。

从人、机、料、法、环几方面，将工程设备的运行情况、重要程度及隐患、故障等各类安全要素信息进行量化分析，构建水利工程及设备安全运行预警模型库，研判工程安全风险等级并实时溯源风险诱因。依托于可视化模型，基于一张图实时掌控工程的各设备的安全风险情况，并在发生问题时通过大屏及时溯源并链接相应处理页面。能够根据风险评价结果，联动匹配相应的风险管控措施及应急处置方案，实现对风险的动态研判、实时预警及应急响应。业务流程如图 5-5 所示。

3. 成果展示可视化

（1）信息成果梳理

通过提炼水利工程运行及管理平台建设成果，可强化数据、知识等资源，提升水利数据资源共享能力、数据服务能力、分析计算能力、决策支撑能力、智能应用能力和可

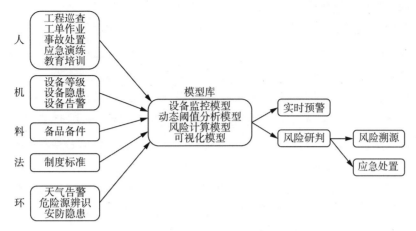

图5-5 安全风险管控业务流程

视化表达能力,支撑构建具有"四预"功能的水利智能业务应用体系。

（2）可视化工具选择

针对当前水利工程可视化程度低、不同纬度场景转换难、水工建筑复杂度高、建模效率低等问题,研究二三维一体化技术、BIM轻量化技术和BIM＋GIS一体化技术,实现二三维GIS无缝转换以及BIM数据轻量化、标准化、可视化,将经典水文、水利、水质理论与水利工程信息化系统深度融合,为工程运行管理指标决策分析提供落地的可视化展示工具。

（3）可视化平台搭建

通过AR实景、三维建模、可视化等技术,融合水利工程管理数据底板,梳理出运行、管理工作的关键应用场景和数据流,打破数据隔离、释放数据价值,搭建一个可视化的工程运行及工程管理的数据看板,构建"流域—工程—设备"级的数字孪生场景,在精细、逼真的模型中,集成工程设备监测监控信息、业务管理信息并动态展示管理过程,实现数字工程的共生共长。

5.2.3 信息管理应用功能

构建信息管理平台,体现控制运用与业务管理一体化的思路,涵盖工程调度运行管理、检查监测、设备设施管理、养护维修管理、安全生产、档案资料、制度标准、任务管理、效能考核等水利工程业务管理重点工作,力求实现安全高效的控制运用与精细规范的业务管理。

1. 控制运用基本功能

（1）一键顺控

运行控制流程。梳理水闸、泵站的运行规则、技术要求、操作程序,总结供配电、主机泵、闸门等系统的最佳启停（闭）策略,制定"一键顺控"启动流程、停止流程、事故应急处置流程,固化计算机控制倒闸操作步骤,实现自动闭环控制。

顺控机制。建立自动校验机制。当"一键顺控"指令下发后,现场设备自动完成检验校核、投运配置、通信对点等投运准备工作,未就位的设备通知操作员确认,实现开操作票—执行操作—现场信号反馈—完成操作的过程流转与在线跟踪,操作过程中可与视频监控系统联动,获取最新监视数据,做到操作"有数据可依"。

建立流程控制机制。供配电、主机泵、闸门等水利工程设施按照设定的流程,自动、精准地完成设备状态切换,可以在流程控制图中自定义增删或替换设备控制模块,并自定义设备控制之间的等待间隔时间。

建立故障告警机制。当流程进行中出现设备抖动和信号故障时,控制系统对设备进行诊断分析、故障自动修复等消缺工作,通知相关人员进行设备修复,同时可对不影响运行的故障和误报提供控制权限让操作员进行跳过;当工程运行中出现现场设备掉线或数据异常时,控制系统自动对设备进行全面诊断分析、故障自动修复、分级告警等消缺工作,对一般告警进行声光报警通知值班人员,对设定的重要告警进行自动停止流程操作。

控制功能。以运行流程和投运机制为基础,开发一键顺控控制功能,对每个参与流程控制的系统通过 PLC 进行通信和控制,应用先进的自动控制技术、传感和物联网技术、状态自动识别和智能判断技术,通过操作项目软件预制、操作内容模块式搭建、设备状态自动判别、防误联锁智能校核、操作任务一键启动、操作过程自动顺序执行,将传统人工填写操作票为主的繁琐、重复、易误操作的倒闸操作模式转变为一键顺控操作模式,减少或避免人工干预,减轻人为操作失误的风险,提升工程运行操作的安全性、可行性。

(2)预警告警

基于大数据分析算法,根据设备长期运行的特征数据和相关运行经验,建立预警分析模型,对重要参数进行有效的趋势分析和预测,挖掘趋势耦合关系,提前预判故障隐患,实现工程运行数据预警分析。预警所涉及的重要参数包含:温度趋势分析及预测,压力值趋势分析及预测,振动值趋势分析及预测,液位值趋势分析及预测,流量趋势分析及预测,电气量趋势分析及预测,测点数值对比趋势及预测。

对来自多个业务的告警消息与数据指标进行统一的采集、接入与处理,从汇聚的样本数据中进行分析,获取知识,并结合现场运行维护的实际经验,建立设备分析模型,对潜在的故障、风险进行准确预测。技术路线图见图5-6。

设备变化趋势预警。采用相关算法对重要参数进行计算分析,若结果数据没有达到预设阈值,则系统再次自循环做数据阈值比较,如此周而复始,一旦结果数据接近预设的阈值时,系统将发出预警通知,提前告知运行人员。在运行过程中,系统还会根据实际预测效果,采用自学习功能,不断修正算法,以达到更精确的预警效果。

偏离经验数据、特征数据报警。长期监测某些能够直接代表设备工况是否良好的

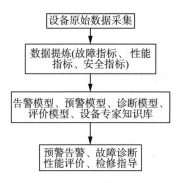

图 5-6 预测预警技术路线

数据点,判断当前数据是否偏离经验值,若偏离则产生报警信息。

设备启停频率分析报警。记录周期启动设备的启停周期和运行时间,并与历史稳定运行值比较,若存在较大差异,则产生报警。

多数据综合计算分析报警。通过对多组监测点趋势分析的综合评判分析,得到设备运行是否安全的结论,若不安全,则产生报警信息。

（3）故障自诊断

以水利工程全设备、全链路、端到端的监视为基础,实现以事件处理为驱动的设备监控、分析告警、故障定位、故障处理、设备评价与监控告警优化的运维流程。

台账与配置管理。运维设备台账包括 IT 软硬件、监测设备与机电设备,实现水利水电设备全覆盖;监控指标重点关注设备可用性指标与链路连通性指标;实现台账与 Zabbix/物联代理的无缝配置对接。

监视采集。监视采集对象涵盖数据中心 IT 软硬件设备与现地设备;数据中心 IT 软硬件设备监视采集使用 Zabbix;现地设备的监视采集使用物联代理装置;支持分布式部署,使用 4G 通道上传现地采集数据。

监视告警。实现全链路,端到端的监视告警,以物理拓扑和业务拓扑的模式全面展示软硬件设备与链路的可用性状态,支持对现地设备以边缘计算的方式快速分析与告警通知,提高故障响应速度。

运维操作。以运维事件驱动开展日常运维操作流程,以业务系统视角进行故障定位与故障诊断。快速生成工单,以 APP 或短信等多种方式下发给运维人员,满足水利水电业务流程特点。

智能评价。跟踪故障处理过程与处理效果,自动根据故障处理结果调整与优化监控与告警配置。建立水利工程设备运维知识图谱与决策树,开展设备状态评价,根据评价结果调整与优化监控与告警配置。

通过以上功能,实现对信息系统及现地监测设备等所有资源进行 7×24 小时全面监控,帮助运维人员快速定位与解决故障,提升工作效率。

2. 业务管理基本功能

（1）任务（事项）管理

以任务分解落实为主的事务性管理模块，为各基层管理单位及上级职能部门提供日常事务的办理、跟踪、查询与统计的统一平台。以精细化管理任务清单为依据，针对调度运行管理、检查监测、设备设施管理、养护维修管理、安全生产、档案资料、制度标准、任务管理、效能考核等业务管理重点工作，运用工作流动态搭建、电子签审等技术，实现各类任务编制—下达—办理—跟踪—总结评价全流程电子化应用，并提供待办提醒、消息推送、逾期提醒，以及与其他业务模块实现双向关联等辅助办公手段，实现工作任务日结日清，成果可评价，责任可追溯，使各项任务的落实情况全部在线留痕，并为统计分析、效能考核提供可量化指标依据。

（2）调度运行管理

针对大中型水利工程日常调度执行过程管控不到位问题，系统构建闭环式大调度的功能集，主要包含值班、智能两票、调度等管理功能，根据上级下达的调度指令，进行细化和组织实施，严格执行调度指令，保证工程设备的正常运行。主要实现功能如下：

全流程闭环管控。实现调度令下发—指令分解—开操作票—执行操作—现场信号反馈—完成调度的过程流转与在线跟踪，并面向一线人员演示移动 APP 简单操作。

生产运行按值操作。在线自动化排班与交接班，约束所有行为按值操作。

运行操作过程追溯。操作过程中可与监控系统联动，获取最新监视数据，做到操作有数据可依。

设备联动。在工作票、操作票的操作过程中，两票与设备状态关联，具备冲突检测功能，解决操作执行安全约束难的问题。

（3）设备设施管理

设备设施管理涵盖设备和水工建筑物等，是工程业务管理的重点。针对大中型水利枢纽中设备日常管理传承难的问题，工程精细化管理平台以编码作为设备设施识别线索，对设备设施的建档、评级、检修、缺陷处理、备品备件、物资出入库等一系列活动进行全生命周期管理，并设置对应二维码进行扫描查询。主要实现功能如下：

设备自动编码。借鉴电厂编码机制，开发设备自动编码功能，可以更好地对设备对象进行统一的标识和管理。

设备台账管理。与其他业务模块关联，实现从投入到退出的全生命周期的台账汇总，包含建档信息、任务清单、巡查记录、维养记录、隐患缺陷记录、操作视频、技术图表等所有信息。

设备状态预警。将设备的运行、检修、变更等信息作为状态预警的重要依据，当设备到达临界时间时，自动预警即给予工作提示。

智能缺陷管理。将设备异常问题处理，与工单、工作票、操作票紧密集成，实现缺陷的完整闭环管理。

（4）检查监测

检查监测模块分为工程检查、工程监测、试验检测三大部分。

移动巡查。工程巡查可实现巡检任务可自动下发，巡查人员移动端执行，实现巡查轨迹、发现问题的实时上报。巡查发现隐患可与设备管理、缺陷管理、安全隐患治理等模块关联。

工程监测。将各监测任务定期自动下发至各基层单位，实现监测任务完成情况统计分析，对垂直位移、河床断面、扬压力测量、伸缩缝测量等专业的监测数据实现自动计算并进行布置图、过程线图、分布图的可视化展示。

试验检测。试验检测功能可实现海量专业检测表格自定义，并可在线导入、编排并一键生成整本带封面、目录、检测表格的试验报告，报告支持在线编辑审批并自动嵌入电子签名、电子签章、资质 Logo，并对历年设备检测数据实现智能对比分析，分析查看设备的状态趋势，对设备异常检测数据进行异常预警。

（5）安全管理

安全管理遵循安全生产法规，结合安全生产标准化建设的要求，对水利枢纽及其子工程的安全生产情况进行管理。主要实现功能如下：

安全台账管理。包含生产运行现场管理、安全风险管控、隐患排查治理、安全应急处置，实现各种事故的统一管理，对全局的各种安全行为进行监督检查和保障。

数字化应急响应。为工程生产运行中突发紧急事件和安全事故提供应急响应与会商应用，综合各类自动化、信息化数据，形成主题数据视图为会商提供参考，同时提供流程化调度预案的定制、启动执行与实时反馈，完成对会商、决策、执行的全流程功能覆盖。

安全生产预警。建立安全生产预警模型，关联安全生产数据，实现自动预测下阶段预警指数，形成直观的、动态的安全生产趋势图，并分析可能产生的后果，进一步完善安全生产管理缺陷，不断提高安全生产绩效。

（6）项目管理

围绕水利枢纽工程的维修、养护、防汛等各类型项目，以合理控制项目进度及预算为目的，打造项目电子管理卡，实现对项目下达、实施方案、实施准备、项目实施、验收准备、项目验收等全过程的信息化管理，使项目管理事项化、流程闭环化、审批网络化、项目档案数字化。主要实现功能如下：

过程管理。针对维修、防护、防汛等多类型项目，服务于项目管理、实施、审核各类人员，对项目的申报、下达、签合同、实施准备、项目实施和验收准备等全流程，进行在线填报、电子审批、跟踪查询操作。

资金管理。以预算管理为控制手段，全过程管控设备日常维护和检修工作，提高设备检修资金利用率，使管理者实时掌控单位设备管理的费用发生情况，提高设备维护的经济性。

物业化管理。针对外委的维修养护项目,进行物业公司或外委单位的管理,以及维养合同及整个维养过程的管理。

(7)水政管理

对水利枢纽管辖范围内的水行政执法工作进行统一管理,对水政移动巡查、执法队伍管理、涉水项目监管、日常综合办公等实现全过程线上管理,为提升水行政执法的流程化、规范化、信息化水平,打造数字执法基础平台,提高水政业务管理效率。主要实现功能如下:

巡查全跟踪。结合 GIS 一张图实现巡查过程可视化呈现,包括轨迹、里程、隐患信息等。

涉水全监管。对涉水项目实现预审到监督全过程管理,建立涉水项目全程电子档案。

执法全流程。实现执法活动从巡查计划到执法问题上报和受理,做到全流程监管,实现执法能力(执法队伍、执法装备、普法活动等)全掌握。

指挥全过程。执法过程中发现重大事件,可以通过指挥调度实现事件标注、智能分析人员调配等。

(8)档案台账

实现规章制度、技术表格、操作记录、运行台账等记录过程数字化,构建水利部标准化工程、安全标准化一级单位、精细化管理工程多类型资料库,实现考核按标索引,为各项任务实现工作指引。

3. 成果展示基本功能

信息管理平台除了具有必要的业务管理功能外,为便于形象直观地了解运行与管理信息,动态掌握工程状况、工作成果,可采用二维、三维及数字孪生技术,建立动态信息可视化展示系统。

(1)管理驾驶舱

信息管理驾驶舱是管理信息综合展示窗口,以工程监控系统及业务管理平台为载体,汇总展示各数字化管理业务功能的重点信息,以统计分析数据为主,以图形化、可视化的方式呈现,为不同权限用户搭建可视化的数据看板,直观地展示信息化管理成果信息,为决策和管理提供形象、直观、便捷的辅助工具。

管理驾驶舱应根据工程管理的不同层级单位的不同部门、不同权限用户提供定制化系统首页。针对不同类型用户展现不同类型的内容以及工程管理日常运行时所关注的各项关键指标。

(2)设备级数字孪生应用

以水利工程重点设备(机组)为例,以 3D 模型形式直观展示设备剖面,对机组细部结构进行立体展示,并通过数据共享方式获取机组关键监控数据、告警数据、设备管理数据,在实行机组 3D 模型旋转、漫游等操作的同时,联动展示机组监测数据,给用户沉浸式的交互体验。

（3）设备间级数字孪生应用

建立设备间的可视化"设备管理卡"，对该设备间内所有设备状况进行全要素管控。设备间展示可采用 3D 建模可视化技术，对设备间、机柜等构件支持细部漫游展示，既可对设备总体状况进行汇总统计，又可以跟随触屏操作实时展示设备细部的数据。

（4）工程级数字孪生应用

搭建一个可视化的工程级数字孪生应用，直观地展示整个工程的智能化建设成果，将工程运行控制、预警告警、调度运行、工程管理等重点业务的关键节点信息进行浓缩，提炼汇总至一张总览图，形成"厂站今日数据看板"，实现指标分析和决策场景的落地，帮助不同层级的管理人员快速掌握工程总体数据，指导工作调度，提供工作提醒，实现数据协同、应用协同、人员协同。

5.3　水利工程精密监测

水利工程精密监测是指通过高精度、智能化的监测设施，对工程各个部位和运行状况的数据进行监测、分析，掌握工程变化规律，及时发现工程隐患，发出报警预警信号，预演隐患发展趋势，提供科学、合理的运行管理策略，帮助管理单位及时消除工程短板，保证水利工程寿命。精密监测是水利工程精细管理工作的重要一环。

5.3.1　精密监测要求

1. 对监测设施的要求

为进一步加强水利工程运行管理，掌握水利工程运行状态变化，强化水利工程安全监测，江苏省水利厅印发《江苏省大中型水利工程安全监测方案（试行）》，对全省大型闸站和省直管水利工程安全监测设施提出了明确要求："水管单位应加强观测设施维护，保证观测设施的完好和有效，如有损坏应及时修复；按规定周期对水准基点、工作基点、观测标点、测压管等观测设施进行考证，并将观测设施变化情况记录在年度观测工作总结中。"

针对江苏省水利工程监测设施存在的问题，江苏省水利厅组织编制了《江苏省大中型闸站及省直管工程安全监测设施完善方案》。完善方案对监测项目设置、测点布置、监测设施结构、监测设施埋设安装等进行了典型设计，为全省所有大中型闸站的监测设施制定标准。

2. 对监测方案的要求

（1）监测布置

垂直位移观测设施包括工作基点和垂直位移标点。工作基点应单独设置，数量不少于3个，宜埋设在工程两侧；垂直位移标点宜布置在闸站的闸墩、墩墙、岸墙、翼墙顶面的两端和中部。

水平位移观测基点与垂直位移观测基点可共用，水平位移测点宜布置在可以构成视准线的垂直位移测点处。

渗流监测包括扬压力和侧向绕渗。扬压力监测在垂直水流向和顺水流向断面应结合布置，宜设垂直水流向监测断面1~2个，顺水流向监测断面应不少于闸孔数的1/3，并不少于2个，且应在中间闸室段布置一个；每个顺水流向监测断面测点不少于3个。侧向绕渗在岸墙、翼墙填土侧及其结合部布设测点，顺水流向测点不少于3个。

上下游河床淤积和冲刷监测范围为上游铺盖或下游消力池末端为起点，分别向上、下游延伸，宜为1~3倍河宽。

（2）监测项目

水闸、泵站安全监测项目分类表，如表5-5所示。

表5-5　水闸、泵站安全监测项目分类表

监测类别	监测项目	规模		
		大(1)型	大(2)型	中型
变形	垂直位移	●	●	●
	水平位移或倾斜	●	●	○
	裂缝和结构缝	●	●	○
渗流	扬压力	●	●	●
	侧向绕渗	●	✓	○
环境量	上、下游水位	●	●	●
	流量	●	○	○
	气温	●	○	○
	降水量	●	○	○
	上下游河床淤积和冲刷	●	✓	✓
专项	水力学	●	●	○

注：●为行业标准必设项目；✓为地方标准必设项目；○为可选项目，可根据需要选设。

（3）监测频次

垂直位移：工程完工后5年内，每季度观测一次；以后每年汛前、汛后各观测一次。经资料分析工程垂直位移趋于稳定的可改为每年观测一次。

渗流观测：包括建筑物扬压力、侧岸绕渗等。水闸、泵站在新建投入使用3个月内，每月观测15~30次；运用3个月后，每月观测4~6次；运用5年以上，且工程垂直位移和地基渗透压力分布均无异常情况下，可每月观测2~3次。当上、下游水位差接近设计值、超标准运用或遇有影响工程安全的灾害时，应随时增加测次。

引河冲淤：在工程投入使用后5年内，每年汛前、汛后各观测一次，以后可在每年汛前或汛后观测一次；遇工程大流量泄洪或超标准运用、单宽流量超过设计值、冲刷或淤积严重时，应增加测次。

3. 对监测数据及应用的要求

为满足水利工程现代化管理要求，首先必须有系统的、精密的、实时的监测数据作为基础，在此基础上拓展监测数据应用系统，为工程安全评价、精细管理、精准调度提供支撑，具体有以下基本要求：

（1）天空地一体的实时、精密监测数据

利用卫星遥感、无人机和物联网，打造一张泛在物联、全域覆盖、动态监控的天空地一体化水利感知网络，解决传统水利工程感知手段单一、覆盖面小、时效性差等问题。

（2）完善的数字化模拟分析计算

以 BIM 模型为数据底板，采用二维、三维有限元分析软件，考虑多种不同性质的材料特性，各种几何形状和构造的结构，解决各种静力、动力、弹性、塑形等问题。

（3）实时的建筑物安全性态评价

建立一套安全评价方法、规则和流程，对水工建筑物的安全性态、运行状态进行综合评价和实时评判。

（4）实现预报、预警等功能可视化展示平台

结合 BIM 模型，构建安全监测系统平台，通过调用 BIM 模型相关参数及实时监测数据，能够实时分析、智能模拟、前瞻预演，全过程可视化交互式操作，对于发现的异常数据或经过分析研判水工建筑物安全向不利的方向发展时进行预警、预报，为水利工程精细化管理提供支撑。

2022 年，江苏省河道管理局在前期调研的基础上，针对省属闸站工程运行状况、管理实际情况，综合考虑监测项目的可行性及必要性，在刘老涧站、杨庄闸、淮安一站、三河闸、万福闸、武定门闸、江阴枢纽、高港枢纽 8 个省属闸站工程分别开展了垂直位移、水平位移、侧岸绕渗、墙后土压力、结构缝、河道冲淤等精密监测的试点项目，详见表 5-6。监测项目数据均采用自动采集，并直接传输至安全监测信息管理软件系统。安全监测信息管理软件系统与省级精密监测平台无缝集成，便于江苏省水利厅统一管理，进行数据共享与交互，实现全天候、自动化、实时高精度形变监测与安全预警。

表 5-6　水利工程精密监测试点工程和监测项目一览表

序号	工程名称	试点监测项目
1	刘老涧站	水平位移（引张线法）
2	杨庄闸	墙后土压力（埋入式土压力计法）
3	淮安一站	垂直位移（静力水准法）
4	三河闸	侧向绕渗（可更换反滤料测压管法）

序号	工程名称	试点监测项目
5	万福闸	侧向绕渗(可更换反滤料测压管法)
6	武定门闸	水平位移(GNSS法)
7	江阴枢纽	结构缝(测缝计法)
8	高港枢纽	河道冲淤(全自动冲淤监测无人船)

5.3.2 精密监测数据分析

水利工程精密监测系统提供视频、水文、地形、河势、渗流、变形等多源、多类监测数据,其中河势冲淤、渗流、变形等监测数据可直接反映水工建筑物基础条件、水力条件、结构条件发生的变化。目前,水库大坝监测设施、监测数据分析技术均较为成熟和先进,水闸工程监测数据研究多采用传统分析方式,且数据分析存在普遍滞后的现象,因此,对水闸工程进行监测数据分析研究具有重要意义。江苏省位于平原河网地区,大中型水闸数量众多,存在大量具有研究价值的监测数据。基于现有安全监测数据,融合BIM技术进行水利工程(水闸)安全评价方法研究,实现对水工建筑物安全性态的预测、预警。

1. 冲淤分析。大中型水闸一般为多孔闸,实际调度时上下游水头 $H-hs$、流量 Q、开度 he、孔数 n 等情况较复杂,不同的调度运行方式会影响闸上下游流态、流速分布,在闸孔泄水调度不合理尤其是局部开启少数闸孔或遭遇极端水位组合工况下,闸后水流流态更为复杂,可能对消能防冲设施及河槽产生较大冲刷,一旦大的冲坑靠近河岸,则会造成岸坡滑动失稳,当大的冲刷坑向消能防冲设施移动时,则可能造成消能设施破坏,进一步危及主体建筑物安全。为此,建立二维水动力数值模型,通过正向冲淤模拟的研究,分析预测冲刷及淤积大小、位置、发展趋势,评价冲淤变化对岸坡、消能工、主体工程安全的影响,以便及时预警和应对;通过逆向冲淤模拟的研究,反馈水闸调度方案,减少或消除冲淤对安全造成的不利影响,通过动态实时调度恢复冲淤平衡和设计断面,保证工程安全。

冲淤分析按照分析顺序的不同可分为正向分析和逆向分析,正向分析可通过二维水动力模型,模拟设计、校核、预设的水情和工情下的冲淤情况,根据模拟流场、流态等模拟结果,分析河槽岸坡、消能工、主体建筑物的安全状态,流程图详见图5-7(a);也可根据实测水下地形和水情、工情、调度等实测数据,结合冲淤情况的实测反馈数据,连续模拟流场、流态的变化及发展趋势,分析冲淤变化对河槽岸坡、消能工、主体建筑物安全状态的影响,流程图详见图5-7(b)。逆向分析基于设计要求和岸坡、消能工、主体建筑物等安全要求,对特定保护区域设定流速、流态等控制目标标签,通过构建"流态—冲淤—运行"分析模型,进行水下冲淤保护控制标识区识别、海量工情和水情调度模拟分析、冲淤平衡分析等,智能优选出满足冲淤保护区控制目标要求的最优调度运行方案,针对可能遭遇的若干典型水情和工况,输出推荐方案,供决策使用,最终由调度人员决策实施,流程图详见图5-7(c)。

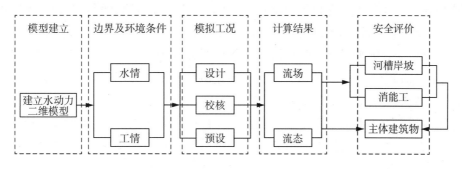

（a）正向分析流程图(设计工况)

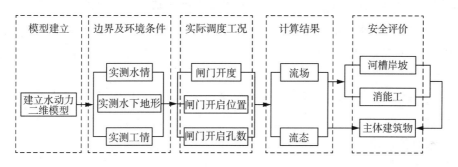

（b）正向分析流程图(实际调度工况)

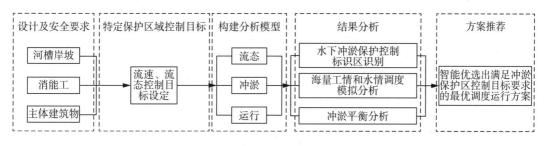

（c）逆向分析流程图

图 5-7　冲淤分析流程图

冲淤分析采用MIKE21软件构建水工建筑物不同水位组合工况下闸上闸下流场分布情况,获取不同断面不同部位的流速分布,判断易冲刷和淤积的位置;同时,预设不同的调度方式,通过海量计算,根据冲淤变化规律,优化调度方案,实现冲淤平衡,保证建筑物和河道的安全。

当冲坑存在引发堤防滑坡破坏的风险时,需根据监测数据分析堤防岸坡稳定,及时采取有效的防护措施,避免堤防的破坏。边坡稳定性计算常用的方法有应力分析法和有限元强度折减法。采用有限元软件构建数值分析模型,对堤防及冲坑的边坡稳定提供及时有效的计算分析结果,辅助管理人员制定决策。

2. 渗流分析。水闸作为挡水建筑物,在建成以后,由于上游及下游间的水位差较大,闸基中将产生渗透水流。当渗透水流的速度或坡降超过某一限度时,在渗透水流作用下,水闸基础易发生土体被掏空现象,进而引起水闸沉降、倾斜、断裂甚至倒塌等严重安全问题。因此,水闸渗流监测及渗流分析是水闸运行管理的一项重要工作。

在实际工程中,闸基渗流区域的边界条件通常较为复杂,解析求解闸基渗流运动的拉普拉斯方程难度很大,因而常采用一些近似且实用的方法,如改进阻力系数法和流网法。改进阻力系数法系根据地下轮廓特点将整个渗流区域分成几个典型流段,求解各个典型流段的阻力系数,进而算出任一流段的水头损失、渗流压力及其他渗流要素。由于此方法不需要绘制流网,且计算精度满足工程应用要求,目前已经被设计人员广泛采用。但当地下轮廓线复杂或闸下为多层地基土时,改进阻力系数法存在计算过程繁琐、费时和适用性问题。规范指出,复杂土质地基上的重要水闸,应采用数值计算法进行计算。在水闸渗流场数值分析中建立饱和—非饱和渗流模型,利用有限元软件分析两种工况下水闸底板的扬压力和水力坡降,研究闸底区域渗流流场的分布规律。

通过构建"测压—渗流—性态"分析模型,进行扬压力、稳定系数、水力坡降实时计算,比对系统预设的稳定安全系数警戒值、扬压力允许值、允许坡降等,判断建筑物、消能工安全性态。图5-8为渗流稳定分析流程。

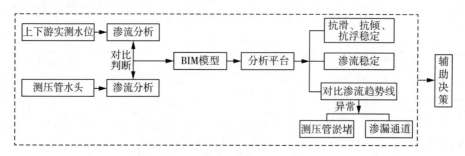

图 5-8 渗流稳定分析流程图

渗流计算中主要参数为孔隙率、有效孔隙率、饱和度、渗透系数。渗流系数 K 是反映土的渗流特性的一个综合指标,能够体现出土体的渗透能力的强弱。影响渗透系数大小的因素很多,主要有土的颗粒形状、土颗粒本身粒径大小、分布情况、土的不均匀系数、液体的动力黏滞系数及水的温度等。采用有限元软件 Autobank 进行水工建筑物渗流及整体稳定分析,通过材料参数及属性的确定、添加荷载和约束以及工况设置等环节,将效应值(如测压管水位)的计算值和监测值进行对比分析,及时判断水工建筑物渗流及整体稳定性。

3. 变形分析。水闸作为挡水建筑物,大多建在河道、水库、湖泊岸边上,基础以淤泥、粉砂和软土为主,地基土质均匀性差、压缩性大、承载力低,在水闸结构荷载作用下,容易产生基础过大沉降等问题,表现出变形、渗流、内部应力应变变化、外部裂缝等不同性态。对于水闸的不均匀沉降,处理措施主要集中在观测、沉降量计算以及预防和处理三方面,由于水闸发生不均匀沉降会使结构内力状态发生变化,改变原有受力平衡,影响建筑物的正常运行,甚至存在发生安全事故的风险。其对于水闸的运行维护、安全评估等有重要的意义,因此有必要对水闸发生不均匀沉降后的应力状态进行分析。

对沉降监测数据的分析研究主要分为两大部分。对沉降变形数据采用图表过程线进行初步分析,筛选出超标准变形数据;超标准变形数据进入水闸结构三维数值分析模型,该模型基于 BIM 模型和有限元相结合的仿真技术,对水闸结构进行三维数值模拟,可实现水闸结构在不同沉降条件下应力、应变的分析,研究其分布规律,反映不均匀沉降对水闸结构受力的影响,对异常情况提供预警功能,保障水闸正常运行。

沉降变形数据初步分析是通过构建"沉降位移—沉降位移过程线(沉降位移分布图)—性态"分析模型,进行沉降量、沉降差、差异沉降倾斜实时计算,比对系统预设的累计沉降位移量允许值、沉降差许值、差异沉降倾斜警戒值等,判断建筑物安全性态。

目前,监测数据常规的分析方法主要有特征值统计分析、对比分析、变化过程分析、分布图比较分析及相关图比较分析。沉降位移监测数据可采用变化过程分析法了解沉降值随时间而变化的规律及变化趋势;水工建筑沉降差分析可采用分布图比较法了解监测量随空间而变化的情况;水工建筑差异沉降分析可采用分布图比较法直观了解主体结构倾斜状况,分析其规律性,并根据警戒值判断主体结构的倾斜是否影响闸门启闭运行。

通过初步分析筛选后,超标准变形数据将进入三维数值分析模型进行有限元数值仿真分析。采用 BIM 建模软件 Revit 对水工建筑物建模,将 BIM 模型导入 MIDAS GTS 软件,定义模型单元属性。通过对现状建筑物施工质量、混凝土及钢筋质量、水泥强度等级、填土质量等相关参数进行量化并输入程序中,对水工建筑物进行受力分析。计算结果经过分析后,反馈给 BIM 模型,更直观展示结构应力、应变分布情况,辅助管理者制定决策。

5.3.3　建筑物安全性态评价

通过对监测数据的分析,按照统一、规范和标准化的理念,研究建立一套安全评价方法、规则和流程,对水工建筑物的安全性态、运行状态进行综合评价和实时评判,并发布安全预警,为水利工程精细化管理提供支撑。

1. 评价步骤。水工建筑物(水闸)安全性态评价主要遵循以下步骤:获取多源、精密、实时监测数据资料→采用监测数据分析、单项阈值评价等方法进行初步判别,发现异常数据时,对监测异常数据进行成因分析,寻求问题的方向→将一些难以用变量标识的随机因素纳入分析对象,结合传统监测数据数学模型及数值模拟进行分析计算,对分析计算结果进一步判别→进行综合分析和研判,判断建筑物薄弱部位及问题发生的原因,确定不同等级的控制荷载以及监测和预警的方案,制定防范或应对措施。

2. 监测数据初步判别及评价。监测资料的常规分析是通过测值资料简单统计分析、测值变化过程和分布情况的考察、与历史测值和相关资料对照,从而对测值的变化规律以及相应的影响因素有一个定性的认识,并对其是否异常有一个初步判断。

根据现行《水闸设计规范》(SL/T 265—2016)、《泵站设计标准》(GB 50265—2022)、《堤防工程设计规范》(GB 50286—2013)、《水工挡土墙设计规范》(SL 379—2007)、《碾压式土石坝设计规范》(SL 274—2020)以及《水工混凝土结构设计规范》(SL 191—2008)等相关规范,水工建筑物安全状态可归纳为渗透稳定、抗滑稳定、变形、强度和抗裂五方面,拟给出对应的判别指标和阈值范围,以进行安全状态的评判,如表5-7所示。

表 5-7 单项分析体系表

名称	类别		判别指标	范围	备注
水工建筑物	渗透稳定	边坡	允许渗透比降	出逸比降小于允许渗透比降	允许渗透比降,土的临界比降除以安全系数确定
		建筑物		≤0.05~0.60/0.25~0.90	水平段/出口段,根据地质类别不同而不同
	抗滑稳定	边坡	抗滑稳定安全系数 K	≥1.30~1.00	根据建筑物级别和运用条件不同而不同
		建筑物		≥1.35~1.00	
	变形	建筑物	沉降量	≤150 mm	建筑物及相邻部位
			沉降差	≤50 mm	
	强度	建筑物	承载力安全系数 K	≥1.35~1.00	根据建筑物级别和荷载效应组合不同而不同
	抗裂	建筑物	最大裂缝宽度限值 w_{lim}	≤0.40~0.15 mm	根据环境类别不同而不同

据上表,当水工建筑物渗透、抗滑、变形、强度以及抗裂等指标满足规范阈值要求时,建筑物基本处于安全状态,否则可能处于不安全状态,需要及时预警,进一步分析查明原因,以便处置应对。

3. 综合评价。由于水工建筑物安全涉及因素众多,既需要定性的分析判断,也需要定量的计算,在采用初步分析、单项阈值判别的基础上,通过建立数学模型对各效应量的状况和变化规律做出定量表达和合理解释,使综合评价并分析出的水工建筑物的工作性态更符合实际情况。

安全监测数学模型主要揭示监测效应量的变化规律以及环境量对它的影响程度,并以此为基础来预测效应量未来的变化范围。根据模型中待定参数确定方法的不同,安全监测资料分析模型可分为三类:统计回归模型、确定性模型及混合模型。

变形、渗流效应量可较为直观地反映水闸的安全状态,水闸的抗滑稳定性也可间接通过变形和渗流的效应量来反映,因此对于水闸工程,主要采用统计模型,通过对水位、温度、降雨、测压管水位等环境量的监测数据结合时效因素来预测变形、扬压力（渗流）等效应量的变化，并对超出范围的情况进行预警。

4. 成因分析及综合研判。通过对监测资料的常规分析和监测量的定量分析，能够分析效应量在时间、空间上的变化规律及特点，分析效应量的主要影响因素及其定量关系和变化规律，寻求效应量异常的主要原因，分析效应量的异常值。在此基础上，通过对水工建筑物 BIM 建模，将有异常的效应量作为已知数据代入，采用有限元分析计算，定量判别水工建筑物的安全程度。同时，通过效应量和原因量的变化规律，获取效应量的发展趋势，及时对工程未来的安全性进行初步评价。

5. 预报预警。根据前期对水工建筑物进行 BIM 建模以及综合运用 MIKE21、MIDAS、Autobank 等数值模拟计算软件，开展流态分析、渗流分析、稳定分析以及变形分析等，结合数学模型对监测量的变化范围进行预测，可以从不同方面掌握水工建筑物的安全状态。对于设计中设定而没有发生过的工况或者可能会发生的工况，包括上下游水位、冲淤、调度运行以及荷载变化等，可以通过计算、分析，进行预报，必要时进行预警。预警分为两种情况。第一种情况，当超出规范要求的数值时应进行预警，称为危险预警；第二种情况，当指标值变化量较大，但又没有超过规范范围时，也应进行预警，以便查明原因，防止水工建筑物安全向不利的方向发展，称为异常预警。

5.3.4 精密监测应用案例

万福闸位于扬州市以东 10 km 的廖家沟上，是淮河入江水道归江控制工程中的最大口门，素有"千里淮河，由此入江""廖家沟是行洪流量最大的中国第一沟"之说。

万福闸于 1959 年动工新建，1962 年建成。共 65 孔，每孔净宽 6 m，总净宽 390 m，属大型水闸。设计标准为 300 年一遇，校核标准 1 000 年一遇。1985 年 11 月设计水位及流量修正后，设计工况为淮河入江 12 000 m^3/s，其中万福闸分担排泄 8 270 m^3/s；校核工况淮河入江 15 000 m^3/s，其中万福闸分担排泄 9 400 m^3/s。

通过采用 MIKE21 软件构建万福闸二维水动力数学模型，分析 40 种不同水位组合工况下闸上闸下流场分布情况，据此总结出边界条件及水下地形对流态的影响；根据 2 次水下地形测量的中间时段的水闸实际调度运行情况模拟结果，分析该实际运行工况下流态对水下地形的影响，根据"冲淤平衡"的原则，对该实际调度运行方案进行优化，达到水下地形恢复设计断面的目的。

1. 模型构建

（1）模型计算范围

根据收集到的地形资料及实际工程情况，模型计算范围主要分为闸上及闸下两段。其中闸上为 127 m，闸下为 200 m。

（2）网格划分及地形插值

计算区域通过 MIKE21 进行非结构网格划分，最大网格面积为 100 m^2，网格数为

2 609 个,采用实测水下地形进行插值处理。

（3）水闸设置

水闸在模型中主要通过闸门的控制来达到控制水流的作用。模型中闸门由一系列点确定的多段线来定义。闸门的控制方式有三种:自定义控制、水位控制及水位差控制。自定义控制是通过一个控制系数来控制闸门的启闭,当控制系数为"1"时,闸门打开;控制系数为"0"时,闸门关闭。因本次模拟涉及闸门的开度及调度问题,因此采用自定义方法进行闸门控制。

对闸孔进行编号,从左岸到右岸编号依次为 1♯、2♯、3♯……65♯。

2. 率定验证

模型率定验证所需资料为多场次,每场次前后两次实测的水下地形,及其相应时间段内闸门详细调度方式资料,及闸上流量、闸上下游水位、流速等数据。

模型率定验证思路为以每场次开始时的水下地形为基础条件,根据该时段内的闸门调度方式为方案、以相应闸上流量为边界条件、闸上下游水位为初始条件进行模拟,分析不同位置处流速大小及冲刷作用影响,用该场次结束时的水下地形进行验证,结论一致则完成率定验证。

3. 模拟方案

主要从两方面进行考虑:一方面根据《淮河入江水道整治工程万福闸加固工程初步设计报告》(江苏省太湖水利规划设计研究院有限公司,2010.12)的相关设计水位进行模拟;一方面根据万福闸 2021 年工程实际调度情况进行模拟。

（1）控制运用规则

根据《万福闸工程管理办法》,万福闸工程现状控制运用条件为:蓄水期闸上水位不超过 4.5 m;灌溉用水期,如闸上水位不能满足需要,而闸下最高江潮水位超过闸上水位,可开闸引潮以补湖水之不足;汛期应密切注意三河闸来量,随时做好准备,按管理处的调度指令及时开闸排洪。

万福闸与太平闸、金湾闸运用关系很密切,三闸开启顺序为:先开万福闸,在不能满足泄洪要求时,再开金湾闸。待满足闸上下游安全水位组合时,再开太平闸。关闸时,必须先关太平闸,然后关金湾闸,最后关万福闸。

根据消能复核计算可知,万福闸下游侧受长江潮位影响,潮位涨落变化比较频繁,淮河入江行洪时,闸下可能是高潮位至低潮位之间的任意潮位,不同潮位下开闸泄洪运行,对闸下消能、防冲安全影响程度不同。

当闸下为较高的潮位时,闸上、闸下水位差相对较小,闸下消能条件较好,一般均为淹没式水跃;但当遭遇低潮位而又必须开闸泄洪时(复核工况中的开闸最低潮位为 0.50～1.10 m),此时闸上、闸下水位差较大,根据闸下现有消能和防冲条件,为确保闸下消能和防冲安全,须避免闸下形成远驱式水跃,管理运行中控制闸门起始开度不大于 0.5 m(控制过闸单宽流量不大于 3 $m^3/s \cdot m$),待闸下水位渐渐抬起后,再逐步提升闸门,直至泄放规定的流量。

（2）控泄水位组合

设计流量为 11 227 m³/s（上游 7.28 m,下游 7.00 m）,最大泄洪流量为 12 351 m³/s（上游 7.60 m,下游 7.40 m）。

在上述边界条件和初始条件下,构建万福闸二维水动力模型,得到各种工况条件下的万福闸闸上及闸下的流场分布。万福闸流场分布图,如图 5-9 所示。

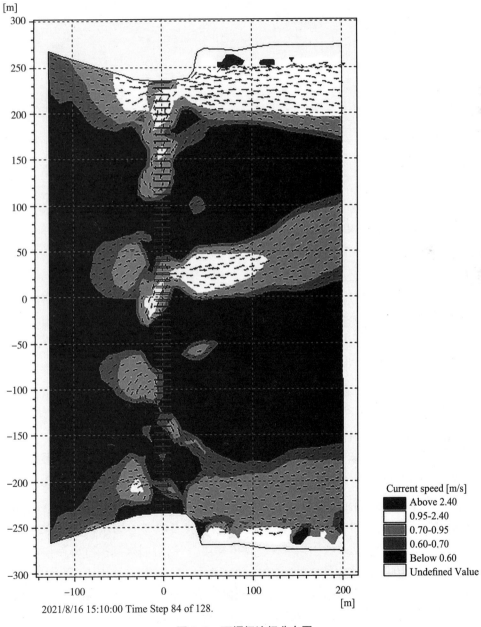

2021/8/16 15:10:00 Time Step 84 of 128.

图 5-9　万福闸流场分布图

4. 结果分析评价

（1）冲淤分析

以 2011—2021 年下游河道冲淤监测数据为基础,绘制万福闸下游河道断面冲淤过程线以及下游河道不同年份冲淤分布图,如图 5-10 所示。

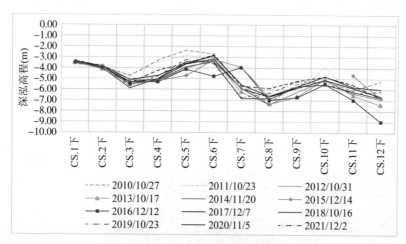

图 5-10　冲淤深泓高程分布图

从冲淤深泓高程过程线看,邻近闸下游侧冲刷程度明显,远离闸下游侧冲刷程度稍好;但是基本上都在标准值以下,处于冲刷状态;每个断面冲刷随时间冲刷程度分布情况基本上是一致的。

根据冲淤监测资料判断,万福闸经多年运行,闸下河道未形成明显淤积,冲淤效果较好,但有局部断面呈现断面面积减少的趋势,建议进一步加强监测。

（2）流态分析

在正向设计中,45#闸孔处流速较大,冲刷较为严重;在反向校核工况中,33#(中孔)闸孔处流速较大,冲刷较严重。在整体方案中,不同闸孔处流速基本上随着流量的增加呈现出加大的趋势,但 51#闸孔处各个方案中流速振荡较大,对冲刷更不利。另外,冲刷处坡面和建筑物整体抗滑稳定。

对现状运行工况、设计工况及校核工况条件下模拟的流态结果进行分析,总结调度方案存在的问题,针对不同的闸上下游水位组合,通过优化闸门调度方案以达到冲淤平衡,恢复闸下设计断面,为闸门精准调度提供决策支持。由于实际冲淤影响受过闸流量、上下游水位差、闸门开启高度、闸孔开启方式及顺序等影响,优化方案可以有多种不同的组合,本次初步提出以下优化调度建议:严格按照水闸运行操作规程,严禁出现上游水位骤降的工况;过闸流量低于 1 000 m³/s 时,尽快开启右岸侧闸孔;过闸流量高于 1 000 m³/s 时,中孔处闸下易发生冲刷,应减小中孔处开高,以控制流速不超过 0.95 m/s,加大两侧闸孔开高,以控制流速不低于 0.7 m/s,不发生淤积。

第6章

水利工程精细化管理典型案例

为积累水利工程精细化管理实践经验,在江都水利枢纽、大溪水库等具有典型性、代表性和良好管理基础的工程推行精细化管理,总结其在精细化管理方面的推进方法、主要做法、实际成效,树立典型,推广经验,形成示范效应。

6.1 江都水利枢纽

6.1.1 工程概况

江都水利枢纽南濒长江、北连淮河,地处江苏省扬州市境内京杭大运河、新通扬运河和淮河入江水道交汇处,于 1958 年开工建设万福闸,1961 年开工建设江都一站,1977 年基本建成。江都水利枢纽工程主要由 4 座大型电力抽水站、12 座大中型水闸以及输变电等配套工程组成,具有抽江北送、自流引江、抽排涝水、分泄洪水、余水发电、保障航运、改善生态环境等综合功能。

江都水利枢纽主要由调水工程和防洪工程两大部分组成,其中,调水工程是以 4 座大型电力抽水站为主体,以京杭运河、新通扬运河和三阳河为输水干线,以江都西闸、江都东闸、宜陵闸、宜陵北闸、芒稻闸、邵仙闸洞、运盐闸等水闸为配套工程组成的江水北调及东引工程。既能抽引江水北送苏北地区,又可自流引江水补给里下河地区,并兼有抽排里下河地区涝水的功能。在南水北调东线工程相继建成后,可抽江水北送至山东、安徽、河北、天津等部分缺水地区,缓解水资源短缺的矛盾。防洪工程是以万福闸、太平闸、金湾闸为主要口门的淮河入江水道归江控制工程,分泄淮河流域 75% 左右洪水入长江。

江都水利枢纽既是整个淮河治理工程体系的重要组成部分,又是江水北调工程体系的源头工程,工程贯穿江淮两大流域,连接里下河水系,具有防洪减灾与水资源优化配置两大作用,其农业种植受益面积 290 多万 hm^2,排涝受益范围 11 000 km^2,防洪受益范围 63 000 km^2。使苏北地区实现了"旱改水"、变成了"米粮仓";使里下河地区从一熟沤田发展成稻麦两熟的"吨粮田";为水运大动脉——京杭大运河苏北段提供充足水源,年通航量已达 5 亿多 t;让沿线城乡水源充足,旱涝无虞。至 2021 年底,抽江北送 1 532 亿 m^3,相当于 50 个洪泽湖的蓄水量,自流引江 1 373 亿 m^3,排泄洪水 10 368 亿 m^3,抽排涝水 405 亿 m^3,余水发电 10 205 万 kW・h。

江都水利枢纽工程大多建于二十世纪六七十年代,经长期运行,工程普遍老化,存在问题和隐患较多。1986 年,万福闸进行全面除险加固,开启了枢纽工程加固改造的进程,至 2016 年,江都所有工程均通过加固改造或大修,达到二类以上,累计完成加固改造建设投资 5.6 亿元。不仅消除工程安全隐患,而且提升运行效能、提高技术水平、改变工程环境、改善管理条件,让历经半个多世纪的老工程仍然焕发勃勃生机。

江苏省江都水利工程管理处是水利厅直属管理单位,于 1963 年成立,具体负责江都水利枢纽工程的管理工作,在职人员近 500 人,下设办公室、人事科、党办、财务科、工程管理科、项目管理科、水政保卫科、纪律监督室、工会、湖泊管理科 10 个职能科室,江都一站、二站、三站、四站、变电所、江都闸、万福闸、邵仙闸、宜陵闸 9 个工程管理单位,另有水文站、维修养护中心、电力试验中心、接待中心、水利科学研究所、职业技能鉴定站等服务单位。

江都水利枢纽工程数量多、建设周期长,采取边建设、边运行的方式,建成一座、投运一座。从工程建设初期,即摸索运行管理方法,并在实践中不断总结完善。从1964年制定《抽水站管理规程(草案)》《观测暂行规程》《技术档案管理暂定办法》,到2001年制定《江都水利枢纽工程管理规章制度汇编》,管理制度得到了不断完善,内容更齐全,适用面更广。随着水利的发展、管理的进步,江都水利枢纽管理体系日趋完善,工程控制运用、检查观测、维修养护、安全管理、工程保护等工作规范开展,工程监控自动化和管理信息化建设持续推进,工程管理考核、达标创建、文明创建卓有成效,工程管理水平处于全国同行前列。在水利电力部组织编写的第一部《泵站技术规范》中,管理处派员参加,并把在建设与管理中积累的资料和经验纳入技术规范,成为其他泵站建设与管理的样本。多年来,参与水利部、国务院南水北调办公室、江苏省水利厅组织编写的泵站、水闸工程管理与建设技术标准10余部。

江都水利枢纽工程规划合理,设计科学,质量优良,管理规范,效益显著,是江苏水利的标志性工程,工程先后荣获国家优质工程金奖,被评为"百年百项杰出土木工程""国家水利风景区"、国家水情教育基地,入选全国爱国主义教育示范基地。管理单位六次蝉联全国文明单位,被评为全国先进基层党组织、国家级水利工程管理单位、水利安全生产标准化一级单位等。2020年11月13日,习近平总书记视察江都水利枢纽,发表了重要讲话,作出了重要指示,这是对江都水利枢纽建设与管理成就的最高褒奖。

6.1.2 工程精细化管理试点

1. 精细化管理试点过程

2012年,为适应全省水利现代化的发展要求,江都水利工程管理处突破传统模式、创新管理思路,在学习调研省内外优秀水利工程运行管理经验做法的基础上,提出推进工程精细化管理的设想和初步方案,在全省率先开启水利工程精细化的探索实践之路。

2013年,按照试点、总结、推广的思路,从综合条件较好、具有代表性的江都四站、江都闸两个基层管理单位先行先试,从易到难,积累经验,有序推进精细化管理工作。为促进精细化管理与工程管理相结合,在汛前、汛后检查工作中加大了精细化管理力度,将汛前、汛后检查工作与精细化管理工作同部署、同安排、同落实。此外,管理处将工程管理考核标准修改为工程精细化管理考核标准,确保精细化管理工作得到有效实施。

2014年,为总结精细化管理经验,指导精细化管理实践,结合水闸、泵站典型作业的特点和岗位实际,江都水利工程管理处先后编写出版了《江都水利枢纽泵站精细化管理》《江都水利枢纽水闸精细化管理》《江都水利枢纽精细化管理——规章制度》等系列丛书,形成了精细化管理的指导性文件。

2015年,为更好地指导工程管理重点工作的开展,管理处组织编写了泵站、水闸单座工程控制运用、检查与评级、工程观测、维修养护、泵站主机组大修等典型工作作业指导手册共52册,在精细化管理不断完善的同时,也带动了工程管理一体化建设和科技攻关。2015年11月17日,得益于多年的精细化管理实践,管理处以高分通过水利部国家级水利工程管理单位考核验收,泵站得分全国第一,水闸得分全国领先。

2016年,选取4座泵站和4座水闸为典型工程,进一步修订完善了泵站、水闸工程控制运用、工程检查与设备评级、工程观测、工程维修养护等典型工作作业指导手册。在此基础上,出版了《江都水利枢纽精细化管理 水闸典型作业指导手册》《江都水利枢纽精细化管理 泵站典型作业指导手册》。同年,以安全生产标准化建设作为提升工程保障能力的重要举措,全面启动安全生产标准化建设,2016年年底,管理处高分通过水利部安全生产标准化(一级)单位评审及现场核查。

2017年,为适应湖泊管理与保护工作的新形势、新要求,构建更为规范、科学的管理体系,江都水利工程管理处联合邗江区邵伯湖管理所,完成了高邮湖、邵伯湖精细化管理试点工作,研究制定了《高邮湖、邵伯湖精细化管理试点方案》。之后,江都水利工程管理处继续积极探索湖泊精细化管理模式,编制出版了《江都水利枢纽精细化管理 湖泊管理》,为高邮湖、邵伯湖实现科学、精准、长效管理提供行动指南和技术支撑。

2018年,江都水利工程管理处又陆续编制出版了《江都水利枢纽精细化管理 财务管理》《江都水利枢纽精细化管理 水文测报》,标志着江都水利工程管理处在拓展精细化管理覆盖面上又迈进了重要一步。

2019年,联合江苏省水利厅运管处、河海大学,开展水利工程精细化管理模式、评价体系等方面的研究,探索全面推广提升的方法与措施。联合研发精细化管理信息平台,开展感潮泵站优化调度运行、感潮水闸引水自动化监控等技术研究,为精细化管理落地提供技术支撑。

2020年,管理处按照《江苏省水利工程精细化管理评价办法(试行)》及评价标准,开展精细化管理评价工作,并于12月高分通过江苏省水利厅精细化管理评价验收,成为全省首家水利工程精细化管理单位。同年,管理处高分通过国家级水利工程管理单位复核验收,专家组对管理处精细化管理、信息化建设取得的突出成果给予高度评价。

2021年,确立"水利枢纽精细化质量管理模式",围绕质量提升目标,制定质量战略,强化质量管理,形成质量管理文化,开展质量教育,夯实质量基础,持续深化管理创新体系,以精细化管理为核心全面推进管理现代化工作。同年9月,江都水利工程管理处以"水利枢纽'精细化'质量管理模式"获第四届中国质量奖提名奖,这是江苏省水利系统首次获得该奖项,实现了水利工程管理在质量管理领域的历史性突破,为水利工程管理高质量发展和现代化建设提供了经典案例。

2022年,对照江苏省水利厅新颁布的《江苏省水利工程精细化管理评价办法》及其评价标准,管理处17座大中型闸站工程均被认定为江苏省精细化管理一级工程、4座小型闸(涵)被认定为江苏省精细化管理二级工程,实现精细化管理工程全覆盖。

2. 总体思路

"管理"是保障江都水利枢纽安全高效运行的核心。如何管理、如何有效管理、如何高效管理,将直接影响对所辖工程、设施和人员的管理方式和管理效力,进而影响江都水利枢纽整体的工作效率和运行效益。按照新时期江苏水利现代化建设的新形势新要求,基于江都水利枢纽工程重要的地位、良好的管理基础,重点针对在管理责任落实、标准体系建立、规章制度执行、过程管理控制、内部考核激励和技术支撑能力保障等方面存在的短板与不足,应用精细化管理的理论和方法,结合行业特点和单位实际,探索江都水利枢纽精细化管理的实施方法和推进路径,推动工程管理由规范化管理迈向精细化管理的更高阶段,进一步提升江都水利枢纽在防洪减灾、水资源供给、水生态改善等方面的保障能力。

精细化管理要求以精益求精的科学态度,严谨务实的工作作风,认真负责的工作态度去做好每一项工作。要将精细化管理理念深入贯彻到各项工作中,贯穿到每项工作、每个员工、每个环节、每个行为之中。要实现这一目标,全体干部职工应当首先从思想认识上转变对水利工程管理的传统思维模式,树立精细管理新理念,因为每一位干部职工既是精细化管理的对象、载体,同时也是精细化管理的主体和实施者,这是推进实施精细化管理的内在要求和核心所在。

贯彻"精、准、细、严"的精细化管理核心思想,遵循注重细节、科学量化、立足专业三大原则,以专业化为前提、系统化为保证、数据化为标准、信息化为手段,明确工作目标任务,健全制度管理体系,明晰工作标准要求,规范工作过程控制,构建信息管理系统,完善绩效考评机制,探索形成更加科学高效的工程管理体系,促进工程管理由粗放到规范、由规范向精细、由传统经验管理向现代科学管理转变,初步建立与江苏水利现代化相适应的水利工程管理新模式,为在全省推广提供先行示范。

3. 试点方法

通过50多年的积累和发展,管理处构建了较为完善的工程体系,形成了良好的管理基础。2012年起,管理处探索推行精细化管理,以科学管理理论指导水利工程管理实践。遵循精细化管理的基本理论,根据水利法规、技术规程及相关要求,借鉴水利同行的先进经验,结合单位实际情况,确立更高的发展目标,倡导精益求精的工作追求,将精细化管理与工程管理业务紧密结合,明确精细化管理的推进目标任务和实施路径,在规范化管理的基础上进一步完善提升,形成了向更高水平迈进的管理思路和价值理念。

为确保精细化管理扎实有效推进,精细化管理推广实施前,管理处进行了广泛的宣传发动,成立了精细化管理领导小组,多次组织召开研究讨论会议,对各工程实际情况进行调研、分析,总结工程管理经验和不足,理清工作思路,明确提升方向,编制了切实可行的实施方案,通过一段时间的实践探索,使得精细化管理的理念逐步建立,管理人员对推进精细化管理的自觉性不断增强。不仅让基层管理单位负责人和技术干部能正确认识、全面了解、主动把握和积极参与精细化管理,而且在全体工作人员中真正形成共识,做到全员参与,使精细化管理工作由少数人掌握变为多数人的自觉行动,增强工作执行的准确性,为精细化管理常态化推进奠定良好的基础。

以精细化管理理念为先导,按照"先易后难、以点带面、逐步推广、持续改进"的原则,选择基础条件相对较好的水闸、泵站各 1 个管理单位进行了试点,取得一定成功经验后,再向其他单位推广。试点工作也是先从标识标志牌更新、制度标准体系完善、管理流程体系建立、日常管理工作强化等相对易实施、见效快的工作开始,再向管理任务分解落实、效能管理考核、典型工作流程化管理、构建信息化管理系统等不断深化。同时,把精细化管理向水文测报、财务管理、河湖管理等方面推广,以期逐步实现全处精细化管理全覆盖。

联合开展水利工程精细化管理模式研究,研究确立水利工程精细化管理的理论基础。针对水利工程管理特点和相关要求,提出水利工程精细化管理模式包含的主要任务、管理内涵、主要内容以及推进措施,力促推进措施系统化、管理任务清单化、管理要求标准化、过程控制流程化、技术手段信息化,具有较强的针对性、适用性。同时,基于江都水利枢纽工程实践,结合理论和实践研究,从精细化管理理念、精细化管理探索实践、精细化管理内容、精细化管理手段等方面分析总结精细化管理经验与模式,为形成可复制、可推广的精细化管理模式提供参考借鉴。

6.1.3 工程精细化管理成效

水利工程精细化管理由江都水利工程管理处在全省先行探索,边探索、边总结、边推广、边改进、边提高,形成了精细化管理的总体思路、推进路径,取得了看得见、摸得着的成效,试点实践证明,推进水利工程精细化管理方向是正确的、方法是可行的、成效是显著的。

1. 借鉴先进管理思想,探索精细化管理模式,试点表明方向是正确的

精细化管理是一种先进的、可行的、有效的管理思想,是现代化管理不断发展的产物,受到近现代"分工理论""科学管理理论""质量管理理论""精益生产思想""系统论"等众多管理理论的影响,体现了以技术标准为基础,科学管理、统一指挥、分工协作、整合资源、注重质量、提高效率等现代管理思想。将精细化管理的理论运用到水利工程的运行管理中,以精细化管理理论指导工程运行管理工作实践,是用先进的科学理论指导水利工程管理的有益探索。

在我国迈向现代化建设的新发展阶段,水利对经济社会发展和现代化建设的重要支撑保障作用更加凸显。江都水利枢纽工程作为承担着水灾害防御、水资源供给、水生态改善等重大使命的南水北调东线源头工程,管理处主动适应时代发展要求,积极

服务南水北调大局,把工程运行管理作为"第一要务",以安全效益为根本,以管理创新为动力,致力打造源头工程品牌、文明单位名片、现代管理窗口,探索符合水利现代化要求的精细化管理模式,促进了水利工程管理提档升级,为高水平地管理好运行好源头工程、确保一江清水北送提供了强有力支撑。

2. 基于良好管理基础,构建精细化管理体系,试点表明方法是可行的

精细化管理是规范化管理的升级版,是水利工程管理发展的更高阶段。通过多年的建设与管理积淀,江都水利工程管理处具有良好的工程基础、领先的管理技术、优秀的人才队伍,为推进精细化管理奠定了坚实基础。瞄准更高的目标定位,突破工程管理传统思维定式,贯彻精细化管理的理念,借鉴其科学的方法,在多年规范化、标准化管理的基础上进行完善、提升和发扬,把精细化管理作为水利工程规范化管理的升级版、水利工程管理向现代化迈进的推进器,积极探索水利工程管理模式迭代升级的新思路、新方法、新路径。

管理处贯彻"精、准、细、严"的核心思想,以专业化、系统化、标准化、信息化为基本方法,切合工程控制运用、检查监测、维修养护、安全生产等业务管理特点,统筹水利工程管理考核、安全生产标准化建设等工作要求,加强方案设计,开展专题研究,提出了江都水利枢纽工程精细化管理的基本模式、工作体系、实施路径,重点从管理任务、管理标准、管理制度、管理流程、管理评价和管理平台等多方位系统推进,初步构建了符合江都水利枢纽工程实际的精细化管理理论体系与推行方法,为精细化管理深化推广提供借鉴。

3. 持续探索实践总结,提高精细化管理成效,试点表明措施是有效的

按照"先易后难、以点带面"的原则,选择基础条件相对较好的管理单位先行试点。试点工作以基础业务管理工作为主,先从工作标准修订补充、规章制度完善、标志标牌更新完善等相对易实施、见效快的工作开始,再逐步向其他工作深入。同时,结合各基层管理单位的工作实际,组织编写了工作任务清单、绘制了工作流程、制定了专项工作作业指导书等,以此来指导和规范管理工作。在试点取得成功经验的基础上,在其他管理单位进行推广,精细化管理的成效日益显现。

按照实践、总结、实践的思路,基于先期部分基层管理单位的探索经验,进行分析总结,使得基层管理单位对水利工程精细化管理的认识不断提高,对推进的思路和方法更加清晰,并不断完善推进措施和工作方案,并以此来指导精细化管理深化推广工作。管理处在精细化管理方面的先行探索实践,取得了显著的成效。2020年底,江都水利工程管理处率先通过精细化管理单位验收,为精细化管理在全省水管单位全面推广提供了典型示范。

管理成效主要体现在以下6个方面:

(1) 细化分解工作目标任务,保证责任落实到位

长期以来,工程管理较重视技术的改进,而普遍忽视任务计划的制订落实。管理

单位每年初都会制订年度目标任务计划和重点工作,但总体上还是粗线条、偏定性,任务分解、时间节点、责任主体、工作要求不具体,没把做什么事、谁来做、做到什么程度等关键环节弄清楚,导致可操作性不足,最终执行效果就会打折扣、有偏差。如汛前准备工作,这是一项关系全年工程安全运行的综合性的工作,涉及成立组织机构、制定工作计划、开展工程检查监测与评级、工程维修养护、落实应急措施、收集整理资料、编制检查报告、开展专项考核和问题整改提高等多个方面,过去管理单位虽然知道大概要做什么,也会按上级专门文件要求去开展,但没有把每项工作细化、分解,明确任务、工作要求、责任主体、完成时间等,容易导致工作有遗留、责任不落实、完成不及时、成效打折扣等,从而直接影响汛前检查工作的有效开展。

通过推进精细化管理,坚持目标任务导向,各管理单位认真研读上级和管理处确定的年度工作总体目标,把握工作新动向和相关事项、重点项目等,科学制定年度工作详细的目标计划,组织相关人员进行探讨交流,为制定任务目标精准把脉。组织对控制运用、工程检查、设备评级、工程观测、维修养护、安全生产、制度建设、教育培训、水政监察、档案管理、标志标牌管理等 11 大类重点工作,按照年、月、周、日分解细化,明确各阶段工作任务,编制工作任务清单,形成管理分项任务共 360 项,确定各时段工作任务及完成时间节点。具体到工作岗位和责任人员,横标定人定职责,纵标定时定进度,使得工作要求进一步明确化、系统化。

同时,完善管理岗位设置,根据各个岗位的性质不同,以及对其岗位的工作需求,明确岗位工作职责(岗位描述)、岗位标准和考核要求,区分出每位员工的工作范围、权限和应该承担的责任。依据全流程、全环节管理的技术标准与管理要求,建立以岗定责、任务明确的责任体系,出台《江都水利枢纽工程精细化管理考核办法与标准》,分类细化考核指标,规范程序方法,强化日常检查、督导个性化考核,让工作人员工作有据可依、有据可查,避免无所适从或互相扯皮现象的出现。此外,还注重工作任务考核数据的收集和分析,为来年工作任务的科学制定打好基础。

(2)健全完善管理制度,提高制度执行效果

制度是客观事物发展规律的概括和总结,是管理人员思想行为和具体行动的约束和规范,是确保管理目标实现的具体措施和保障规定。经过长期的积累与发展,管理单位形成了较为完善的制度体系,促进了各项工作有序开展。但是,从制度建设的整体情况来看,虽然规章制度制定在各个方面都有涉及,有一定的覆盖面,但在系统性、针对性、适用性方面仍存在不足,主要表现在:随着管理条件、管理要求的改变,对安全管理、工程保护、党的建设、人才队伍、精神文明、文化建设等方面提出了更多要求,需要建立完善相应的管理制度,提高系统性;部分管理制度内容空泛、不全面、不详细,针对性、可操作性不足,在实际执行过程中随意性较大;没有定期对制度进行评估,当技术规定和管理要求发生明显变化后,没有及时修订,适用性不足。此外,一些制度在执行过程中形多实少,检查考核措施手段不完善,没有真正形成一套完整的制度保障

体系。

在推进精细化管理进程中，管理处在规章制度的合理性、科学性、可操作性上狠下功夫，不断健全完善各项管理规章制度。首先严格规范各单位、各部门相关管理制度的编制体例格式，细化量化各分项制度内容，涵盖了包括党的建设、工程管理、安全生产、水政、人事、行政、财务、综合经营、职工管理等诸多方面。2020年，又组织对所有规章制度进行了全面修订完善，并将管理处层面102项规章制度整理汇编成册，泵站管理单位累计修订各类制度208项，技术管理细则5项，水闸管理单位累计修订各类制度312项，技术管理细则12项。同时，对关键岗位制度进行明示，细化岗位责任，明确考核要求，层层落实岗位目标责任，完善奖惩措施，实行"用制度管人""靠制度管事"，狠抓制度落实，做到"有章可依，有章必依"，确保各项规章制度落到实处。完善的管理制度为精细化管理提供了较为形象准确的立体坐标体系，切实保证各项工作规范有方、管理有章、执行有据。

（3）梳理建立标准体系，提高管理标准导向性

标准是指导和衡量工程管理的标尺，是保证管理目标任务执行到位的前提，是克服管理随意性、粗放式、无序化的有效手段。管理工作标准应严格按照相关规程规范，经过充分论证和实验研究，在实践基础上制定，具有较强的科学性和针对性，对工程管理活动具有指导、规范作用。

多年来，管理单位工作标准主要针对技术管理方面，侧重于启闭操作、运行管理、检查评级、工程观测、维修养护、档案管理等日常基础性技术管理工作，但对管理方法、管理行为的标准和要求相对欠缺，有的仅靠少量的管理制度来代替标准，如：运行管理值班、工作场所管理、标志标牌设置、工程保护、环境管理、绿化维护等没有明确具体的工作标准。另外，现有的技术管理标准内容也不够具体细化，特别是针对工程实际个性化的指标要求不明确。以上问题导致有些职工对具体工作怎么做、做到哪种程度为好、哪种程度为优秀，没有清晰的概念，只求把工作完成，不讲工作完成实际效果；系统、统一、细化、量化的标准体系还没有真正形成，与管理行为未能有机统一结合起来，导致部分工作执行不严、不实、不细，工作实际成效打折扣。

管理处立足自身实际，着力建立健全系统、全面、规范、量化的管理标准化体系，既要有衡量工程状态、管理结果的标准，也要有规范管理行为、管理过程的标准。管理单位按照水利行业标准和相关管理规定，根据各自具体工程的特点，针对控制运用、工程检查、工程观测、维修养护、设备评级、安全生产、制度建设、档案资料、水政管理及标志牌设置、环境管理等工作，详细规定每座工程、每项工作、每个环节怎么干、如何干。细化、量化每项工作标准，形成标准共11大类、900余条。以标准指导管理，以标准衡量管理，以标准规范管理，以标准化体现管理的严和细。同时，根据管理条件变化及时进行修订完善，实现持续改进的目标。

在执行层面上，做到整个管理处同类设施设备管理标准一致、同类工作标准一致、

同类图表格式一致、同类标牌设置一致。根据管理工作标准,做好水利工程建筑物、机电设备、辅助设备、监测控制设备和自动化设备管理,充分运用各种先进技术对工程实现优化调度和高效运行;按照每年不同时期的运行任务和检修任务,编制管理计划、运行计划和维修计划;整编各种设备的技术资料和技术文件,机组运行、检查、监测和维修资料,水工建筑物观测资料等,并通过对各种资料的逐年积累和分析,掌握水利工程各种设备使用和维护规律,改进经济运行方式和提高安全运行的能力,进一步提升工程技术管理水平。

(4) 强化执行过程控制,规范作业流程管理

一项工作仅有布置部署是远远不够的,更要有落实的措施,特别是规律性、重复性强的工作,要有明确的作业的流程,来指导工作有序规范开展。作业流程是各项工作事项活动流向顺序,包括实际工作过程中的工作环节、步骤和程序。作业流程中的各项工作之间的逻辑关系,是一种动态关系,不仅仅要考虑某一个作业步骤,还要考虑一个环节与上、下环节的有机衔接。规范管理作业流程就是为了提高每一个环节的执行准确性和工作效率,同时,还要兼顾各个工作环节之间的有效流动。

受多年传统习惯的影响,管理单位在推动工作方面较为粗放,大致知道要完成的工作任务和大概的要求,但就某项工作整个过程会涉及哪些具体要求、重点环节等并没有进行梳理,更没有形成完整详细的作业流程。即使少部分工作有流程,也不够全面具体,缺乏定性的目标和定量的指标,没有考虑到不同流程之间的有效衔接,各个流程之间逻辑性和关联性较差,不能有效地指导实际工作;再者,在执行层面上,部分职工还停留在习惯思维上,凭经验办事,未能有效地按照规定的流程进行操作,随意性较大且工作效率低下,导致部分操作工序出现窝工、返工现象,造成不必要的人力资源、财力资源浪费,甚至出现安全问题。

管理处将流程管理作为精细化管理的重要内容,加强过程控制,对典型性、规律性、重复性强的工作积极推行流程化管理,以安全、质量、效率为目标,将现行已知的最佳作业方法进行程序和动作分解,并以科学技术、规章制度和实践经验为依据,形成安全、准确、高效、经济的作业流程。通过规范工作流程和优化流程建设,剔除日常工作中不必要的工作环节,合并同类活动,选择最便捷、最有效的工作程序和工作方式进行操作;减少不必要的行为,使各项工作流程更为经济、合理和简便,从而提高工作效率。针对控制运用、工程检查、工程评级、工程观测、维修养护、安全生产、制度管理、档案资料管理和水政管理等工作,绘制工作流程图共 460 余张。落实流程执行措施,做到工作讲程序、操作讲规范,将繁琐的作业变为看得见、摸得到的实际操作步骤,编制图文化、制度化和程序化的详细操作指南,明确每项作业的具体工作任务、责任对象、工作标准、作业流程和主要程序等,使每个现场不同的作业人员、不同的作业时间、不同的操作对象、不同的服务环境,都能够保证操作的一致性和正确性,避免操作人员的"错、忘、漏"而造成的错误,防范了运行安全风险,有效提高了指令执行和运行操作的及时

性、准确性。

对控制运用、工程检查与评级、工程观测、维修养护和主机组大修等典型工作,结合工程具体情况,组织编制相应的作业指导书 105 本,明确各项工作内容、标准要求、方法步骤、工作流程、注意事项、资料格式等,做到工作前定目标、工作中细工艺、工作后评指标,用规范化、步骤化、程序化、数据化来指导检查维修等各项工作,使工作过程更加可控、成效更有保证。确保各专项工作从开始到结束的全过程闭环式管理。同时,对工作行为和过程控制相对固化,避免管理人员因责任意识、业务能力、操作技能等各方面的差异对工作结果产生较大的影响,更好地指导和规范各专项工作的有效开展。

(5) 建立信息管理平台,形成有力技术支撑

十多年来,管理处以工程加固改造为契机,以自动化监控技术的研发和推广为重点,不断推进工程管理信息化建设。2013 年底,全处 4 座泵站、变电所及配套水闸工程全部实现自动化监控。同时,在变电所初步建立了集中控制中心,对 4 座泵站、变电所、江都东闸、江都西闸、芒稻闸等工程探索推行远程集中控制的运行管理新模式,工程监控自动化建设有了一定的基础。随着信息技术的迅猛发展,按照实施智慧水利战略的新要求,管理处工程管理信息化建设明显滞后,信息化管理系统还是以工程监控、门户网站、办公系统和少量的业务管理平台为主,工程监控系统的功能还不够全面,与控制运用全过程管理的标准、流程、台账等要求结合还不够紧密,运行数据监测、分析研判、预警告警及优化运行等方面的功能不足。具体工程业务管理技术手段较为传统,档案资料更多还是纸质化,大量的审批审核手续只能线下进行,导致无法对工程管理进行动态管理,工作效率也受到限制。

精细化管理形成了水利工程管理新体系,为推进信息化建设提供了现实需求,同样,信息化建设也为精细化管理落地实施提供了技术支撑。2014 年起,管理处将水利信息化作为提高工程管理水平、促进精细化落地的重要举措。编制了《江都水利枢纽工程信息化建设方案》,制定信息化发展规划,不断完善工程监控体系,打造构建精细化管理信息平台。新建、升级改造工程监控(监测)系统,实现 4 座泵站、1 座变电所、12 座大中型水闸等工程监控(监测)全覆盖,形成 1 个集中监控中心、3 个水闸(万福、邵仙、宜陵)分中心的总体架构;初步构建涵盖工程监控、运行调度、工程管理、河湖管理、水文信息、科技档案、门户网站及办公自动化等功能的综合信息化平台。研发工程管理综合信息展示查询系统,整合各信息资源,集成各应用系统,展示实时工况、调度运行、检查监测、水政执法、单位动态等综合信息。开发"智慧源头"APP 移动平台,初步实现工程管理及日常重要信息的移动查询。

在此基础上,于 2019 年研发构建"7+2+1"架构的精细化管理平台,主要包括综合事务、生产运行、检查观测、设备设施、安全管理、项目管理、水政管理 7 个基本管理模块,另有管理驾驶舱(系统首页)、后台管理 2 个辅助模块和 1 个移动客户端,体现系

统化、全过程、留痕迹、可追溯的思路，实行管理任务清单化、管理要求标准化、工作流程闭环化、成果展示可视化、管理档案数字化，取得了良好的应用效益，促进了精细化管理的落地生根，在省内多个单位推广应用。

（6）推进管理效能考核，健全有效激励机制

管理效能考核评价是激励职工的重要手段，也是职工提高工作效率的前提，在把握全局发展方向的基础上，将考核内容细化、深化到每项工作中去，通过对实际工作效能进行考核，有效评定职工的工作开展情况，以及各项工作任务的完成质量与程度，从而有效增强职工的战斗力与开拓创新能力，提高职工队伍的整体业务素质。

水利工程管理单位由于公益性质定位，导致对管理绩效的考核较为困难，管理单位为避免内部管理矛盾，注重思想发动、正面引导，但对效能考核不够重视，认为事业单位工作业绩难以衡量，效能考核也不能带来直接效益，同时又浪费时间、制造矛盾，未能真正理解效能考核的重要作用。管理处建立了不少绩效考核制度，但总体上侧重对单位效能的考核，将结果作为年度评先评优的依据，但对个人工作实绩考核，在具体管理制度制定方面还存在不足，基层管理单位习惯吃"大锅饭"，对职工平时表现没有具体的业绩记录，难以做出客观真实考核评价，个人评先评优更多依靠民主推荐投票，凭主观印象确定。此外，奖惩机制不健全，考核评价结果没有真正与职工培训、晋级、聘用以及薪酬分配等挂钩，不能充分调动职工的积极性、创造性，影响推动工作的执行力。

提高执行力是保证精细化管理取得实效的关键，管理处通过推进精细化管理，不断建立完善单位工作效能考核和职工实绩考核制度，制定岗位行为规范，提升干部职工职业道德水平；开展定员定岗定职责，全面梳理各单位（部门）工作岗位、职责和领导分工，结合工作实际，编制岗位说明书、岗位设置汇总表，理清工作边界，明确职责分工。在完善目标管理体系的基础上，着力健全精细化考核评价机制。按照精细化管理要求，完善考核办法，制定考核标准，量化考核细则，并尽量采用可实际观察和评价的指标为主。逐级分解落实责任，采用"一年四考、一考三评"考核方式，通过自评、他评、考核小组综合评价，在具体考核工作中，每一项考核的结果都必须以充分的事实材料为依据，如列举员工的具体事例来说明和解释评分的理由，可以有效地避免凭主观印象考核和由晕轮效应、成见效应等所产生的问题。坚持精神鼓励与物质奖励相结合，建立奖惩激励制度，将考核结果与评先评优、岗位聘用、职务晋升和收入分配相挂钩，强化过程控制，做到目标明确、任务具体、责任到位、奖惩有据。

管理单位年度考核主要根据管理单位职能和年度重点工作任务按履职情况、党的建设、满意度评价等分类考核、综合评价，分出相应的考核等次，作为年度评优的主要依据，一般在年底进行，平时考核结果作为年度综合考核的重要参考。职工个人实绩考核参照《事业单位人事管理条例》《江苏省事业单位工作人员考核实施办法（试行）》等有关规定，以职工的岗位职责和所承担的工作任务为依据，及时了解职工"德、能、

勤、绩、廉"日常表现,重点考核工作实绩,考核可分为平时考核、年度考核等,考核结果可以分为优秀、合格、基本合格和不合格等档次,并与年度评优相结合。同时,管理处出台技术人才、技能人才技术职务管理办法,将平时表现、工作实绩、技术创新、师徒结对和民主测评等作为综合考评指标,进行打分量化、择优聘用,起到了很好的正面导向作用。

江都水利工程管理处精细化管理的先行试点实践,取得了显著成效,成为工程管理的名片。在实现工程安全高效运行,效益得到充分发挥的同时,编写出版"江都水利枢纽精细化管理丛书"8 部,参与编写《水利部大中型排灌泵站标准化规范化管理工作手册》、《水利工程标准化管理工作手册示范文本编制要点(水闸工程)》、《水利工程标准化管理评价指南(水闸篇)》和"江苏水利工程精细化管理系列丛书"(水闸工程、泵站工程、水库工程)等。2015 年 11 月 17 日,管理处以高分通过水利部国家级水利工程管理单位考核验收,泵站得分全国第一,水闸得分全国领先。2016 年,又高分通过水利部安全生产标准化管理一级单位评审。2020 年 12 月,率先通过全省精细化管理单位评价验收。2021 年,"水利枢纽精细化质量管理模式"获得第四届中国质量奖提名奖。2022 年,管理处所有工程均被认定为江苏省精细化管理工程。

6.2 大溪水库

6.2.1 工程概况

溧阳市大溪水库位于溧阳市西南部的丘陵山区,距溧阳市区 13 km,工程于 1958 年 11 月开工兴建,1960 年 6 月初步建成,后经 1965 年、1971 年、1978 年三次较大规模续建,2009 年至 2011 年进行除险加固,2011 年 4 月通过竣工验收。是一座以防洪、供水为主,结合灌溉、生态和旅游的大(2)型水库。

水库集水面积 90 km²,总库容 1.128 亿 m³,校核洪水位 15.98 m(青岛基面,下同),设计洪水位 15.48 m,兴利水位 14.00 m,汛限水位 14.00 m,死水位 8.20 m;防汛库容 0.366 亿 m³,兴利库容 0.647 6 亿 m³,死库容 0.114 4 亿 m³;水库下游保护面积 200 km²,灌溉面积 140 km²,城镇年供水 4 300 万 m³ 左右。

水库枢纽工程主要有主、副坝各 1 座,溢洪闸 1 座、灌溉涵洞 3 座。

大溪水库管理处由溧阳市天目湖管委会管理,为准公益性事业单位。管理处下设办公室、财务室、工程管理科、水政监察组 4 个科室,目前在编人数 23 人。

大溪水库管理处的管理职责和任务主要是水库大坝安全建设管理、农田灌溉、向城区和有关乡镇供水、渔业养殖管理、库区水资源和生态环境保护、已建水利工程的日常维护和运行安全监测、水库防汛抗旱。

6.2.2　工程精细化管理实践

2019 年江苏省水利厅印发《江苏省水利工程精细化管理评价办法（试行）》及其评价标准，在全省水利工程推行精细化管理。对照水库精细化管理的新要求，管理处感到工程管理仍存在着目标定位不高、任务分解不清、标准要求不细、制度建立不全、流程执行欠规范、考核执行不严、信息化建设不足等问题，迫切需要在依法管理、规范管理的基础上，结合工程实际推进管理创新，积极探索实践大型水库工程精细化管理。

精细化管理的核心思想是贯彻"精、准、细、严"，推行系统化、标准化、流程化、信息化的基本方法，形成全过程、重细节、闭环化、可追溯的管理机制。管理处重点推进"六大管理"（管理任务、管理标准、管理制度、管理流程、管理评价和管理平台），扎实推进工程精细化管理。

1. 细化落实工作目标任务

（1）任务划分

管理处针对水库工程具体情况，按照工程管理规程、规范、办法的相关要求，制定年度工作目标计划，分解工作任务，2022 年大溪水库分解年度任务 15 类 28 项（如表6-1 所示）。

表 6-1　2022 年大溪水库工程管理任务一览表

序号	类别	管理任务
1	年度目标计划编制、任务清单修订	年度目标计划编制、任务清单修订
2	调度运用	防洪调度、兴利调度、报汛及洪水预报、控制运用
3	工程检查	日常检查、定期检查、特别检查
4	设备评级	金属结构与机电设备评级
5	安全监测	表面变形监测、渗流监测、水文气象监测等
6	养护维修	工程养护、工程维修
7	白蚁及其他动物危害防治	白蚁防治、其他动物危害防治
8	安全生产	安全管理、应急管理
9	制度管理	管理制度修订
10	教育培训	学习、培训
11	档案管理	技术档案管理
12	管理与保护	水库管理与保护规划、水政执法
13	标牌标志管理	管理范围内标牌标志管理

续表

序号	类别	管理任务
14	水利部标准化管理工程评价创建	根据《水利工程标准化管理评价办法》及其评分标准,开展水利部工程标准化评价达标创建准备工作
15	年度自检	根据本年度工作情况,编制年度自检报告

（2）任务清单

根据目标任务,管理单位应对控制运用、工程检查和设备评级、安全监测、维修养护、白蚁防治、安全生产、水政监察、制度建设、档案管理、应急管理等重点工作,按照年、月、周、日分解细化,明确各阶段工作任务、编制工作任务清单,确定各时段工作任务及完成时间节点,横标定人定职责、纵标定时定进度,使得工作要求进一步明确化、系统化。

示例:溢洪闸运行操作任务清单如表 6-2 所示。

表 6-2　溢洪闸运行操作任务清单

任务名称	分项任务	工作内容	时间	责任岗位	责任人
溢洪闸运行操作	运行准备	运行人员配置到位。人员数量、质量满足运行要求	接到调度指令后,启闭前 1 小时	副主任	×××
		检查库区、下游管理范围内有无船只、漂浮物;重点检查闸门门槽部位有无影响闸门启闭的异物或其他行水障碍;观察上、下游水位;根据调度指令和水情,查阅溢洪闸水位—闸门开度—流量关系曲线(表),确定开启孔数和开度		技术负责人	×××
				技术人员	×××
				闸门运行工	×××
		检查启闭设备、钢丝绳、电源、动力设备、仪表、自动化监控系统等是否符合运行要求		机电和金属结构管理人员	×××
		提前做好开闸预警工作,必要时利用高音喇叭喊话		电气设备运行人员	×××
	启闭操作	按闸门启闭方案及运行操作规程进行启闭	按启闭方案	技术人员	×××
		观察电压,电流,上、下游水位和流态等	操作过程中	闸门运行工	×××
		核对流量与闸门开度,填写闸门启闭记录,报告闸门调整情况	操作结束	水文勘测工	×××

（3）任务落实

管理处落实落细工作责任,将工作任务清单落实到相应的管理岗位、具体人员。完善管理岗位设置,编制岗位说明书,明确岗位工作职责、岗位标准和考核要求,结合汛期、非汛期等不同阶段工作特点,依据全流程、全环节管理的技术标准与管理要求,建立以岗定责、任务明确的责任体系,规范程序方法,强化日常检查、督导和个性化考核。

2. 明晰水库管理工作标准

(1) 建立管理标准体系

标准是对重复性事物和概念所作的统一规定,是指导和衡量水库工程管理的标尺,是保证管理目标任务执行到位的前提,建立完善的水库工程管理标准体系是实行精细化管理的必要条件,是克服管理随意性、粗放式、无序化的有效手段。大溪水库管理处结合水库的实际情况,建立健全较为系统、全面、规范、量化的标准化管理体系,对照国家标准、水利行业标准及相关规定要求,明晰调度运用、工程检查和设备评级、安全监测、维修养护、白蚁防治、安全生产、制度管理、教育培训、档案管理、水行政管理、标志标牌设置等工作标准,对各类管理资料、技术图表以及位置设定均做相对统一的规定,并汇编成册。2022 年大溪水库共编制管理标准 12 类 23 项,如表 6-3 所示。

表 6-3　大溪水库管理标准汇总表

序号	类别	管理标准
1	调度运用	防洪调度、兴利调度、报汛及洪水预报、控制运用标准
2	工程检查	日常检查、定期检查、特别检查标准
3	设备评级	金属结构与机电设备评级标准
4	安全监测	表面变形监测、渗流监测、水文气象监测标准
5	养护维修	工程养护、工程维修标准
6	白蚁及其他动物危害防治	白蚁防治、其他动物危害防治标准
7	安全生产	安全管理、应急管理标准
8	制度管理	管理制度完善标准
9	教育培训	学习、培训标准
10	档案管理	技术档案管理标准
11	管理与保护	水行政执法标准
12	标牌标志管理	管理范围内标牌标志管理标准

(2) 规范管理标准内容

管理标准的内容根据行业规范、规程、办法等,结合大溪水库的工程特点编写。

示例:汛前检查工作标准,如表 6-4 所示。

表 6-4　汛前检查工作标准

序号	工作内容	标准内容
1	检查时间	在 3 月底前完成
2	检查组织	成立度汛准备工作小组,由主任任组长,明确具体的任务内容、时间要求,落实到具体部门、具体人员

序号	工作内容		标准内容
3	检查内容	建筑物、设备和设施	对坝体、坝基和坝区、输水涵洞、溢洪闸(道)、闸门、启闭机、电气设备、自动化系统、安全监测设施、土石方及混凝土工程等进行全面检查
		安全监测	完成大坝表面变形监测和成果分析
		水下检查	2年进行1次,如发生大流量引排水等特殊情况,应增加检查次数,主要检查溢洪闸、东、中、西涵洞的闸室底板、铺盖、消力池、伸缩缝等完好情况,门槽、检修门槽部位是否存在杂物卡阻
		电气试验	定期对电气设备、安全用具等进行预防性试验,涉及特种设备检测和防雷接地专项检测的,由具备资质的检测单位进行检测,出具检测报告
		涵洞进洞检查	每年1次,可采用人工或水下机器人等方式进洞检查,检查时应做好安全防护工作
		安全度汛	检查安全度汛存在问题及措施
		防汛工作	检查防汛工作准备情况
4	规章制度及资料	规章制度	完成规章制度修订完善
		资料收集	软件资料收集整理
5	预案修订及演练培训	预案修订	修订防洪应急预案和大坝安全管理应急预案、现场应急处置预案
		演练培训	建立完善抢险队伍,有针对性地开展预案演练培训
6	养护维修		汛前检查结合汛前保养工作同时进行,并着重检查养护维修项目和度汛应急项目完成情况
7	度汛准备		制定度汛准备工作计划,明确具体的任务内容、时间要求,落实到具体人员
8	防汛物资		检查增补防汛物资、备品备件等
9	检查总结		对汛前检查情况及存在问题进行总结,提出初步处理措施,形成报告,并报天目湖管委会和溧阳市水利局
10	整改提高		接受上级汛前专项检查,按要求整改提高,及时向天目湖管委会和溧阳市水利局反馈
11	问题处理		对汛前检查中发现的问题及时进行处理,对影响工程安全度汛而一时又无法在汛前解决的问题,制定好应急抢险方案
12	报告编写		规范填写检查记录,及时整理检查资料,编写汛前检查报告并按规定上报

3. 健全精细管理制度体系

（1）健全规章制度

2020年,管理处在2017年规章制度汇编的基础上,根据水库管理标准化、精细化、新规范和管理处制度执行的具体情况,组织修订了大溪水库规章制度,并汇编成册,发放给每位职工。规章制度汇编包括规章制度、岗位职责、操作规程三大类94项,内容涵盖调度运用、运行操作、值班管理、检查观测、养护维修、设备管理、安全生产、岗位管理、教育培训、考核管理等,与此同时,在醒目位置将闸门操作等关键制度和规程明示,保证了各项制度落到实处。

（2）修订技术管理细则

2017 年 3 月，管理处编制了《溧阳市大溪水库技术管理实施细则》，报江苏省水利厅批准后作为水库技术管理文件。2020 年 12 月，结合精细化管理要求，组织修订了技术管理细则并上报审批。修订后的技术管理细则紧密结合工程实际，涵盖工程调度运用、工程检查、工程评级、安全监测、养护维修、安全管理、管理与保护、技术资料与档案管理及其他工作内容，并且增加了精细化管理与工程管理考核、信息化管理、管理范围监管等内容，对工程精细化、信息化、标准化和现代化管理提出了总体要求，具有较强的针对性和可操作性，符合水利现代化发展需要。

（3）制度执行

制度能够发挥作用，关键在于有效的执行。日常工作中，管理处强力推进规章制度落实工作，主要措施有：一是加强领导。主要领导负总责，分管领导具体抓，各科室负责制度落实实施，形成职责明确的制度落实管理体系。二是狠抓制度学习培训工作。每年在培训计划中均安排多次集中培训学习，采取发放手册、自学等多种形式抓好规章制度培训学习，增强全处职工的制度意识，坚持边学边总结，优化工作作风，以学习促进规章制度落实。三是检查、考核。结合工作实际，定期地对规章制度执行情况进行检查，如在闸门启闭过程中，检查闸门运行工对操作规程的执行情况，同时细化考核指标，制定具体考核办法，将考核结果与绩效工资挂钩，充分发挥导向和激励作用。四是定期进行制度有效性评审，评价制度的符合性。

4. 规范水库管理作业流程

（1）作业流程图绘制

流程管理是单位内部精细化体系建设的重要内容，也是水利工程管理单位抓好安全生产、提升运行能力和效率的重要举措，水库工程流程化管理，是保证单位工作效率和水库工程效益充分发挥的关键。

流程管理的主要内容包括适用范围、工作职责、工作流程、注意事项、台账资料等。管理处按照精细化管理的总体要求，对控制运用、工程检查和设备评级、安全监测、维修养护、白蚁防治、安全生产、制度管理、档案资料管理和水行政管理等规律性、程序性、重复性强的工作，采用矩阵式流程图形式绘制工作流程图，形成完整的工作链，明确实施路径、方法和岗位要求。大溪水库共绘制工作流程图 55 张，并不断完善。

根据某一类事项，其工作流程分为若干项作业流程，例如，水库的调度运用分为防洪调度流程和兴利调度流程，防洪调度流程又有洪水预报流程、防洪调度指令执行流程、溢洪闸现场开闸流程、溢洪闸、运行值班流程等工作流程组成。

管理流程编制完成后，管理处及时组织培训，并装订成"口袋本"，人手一册随时查看，将 12 项较为重要的流程在醒目位置明示，执行效果较好。

示例：大溪水库汛前检查流程如图 6-1 所示。

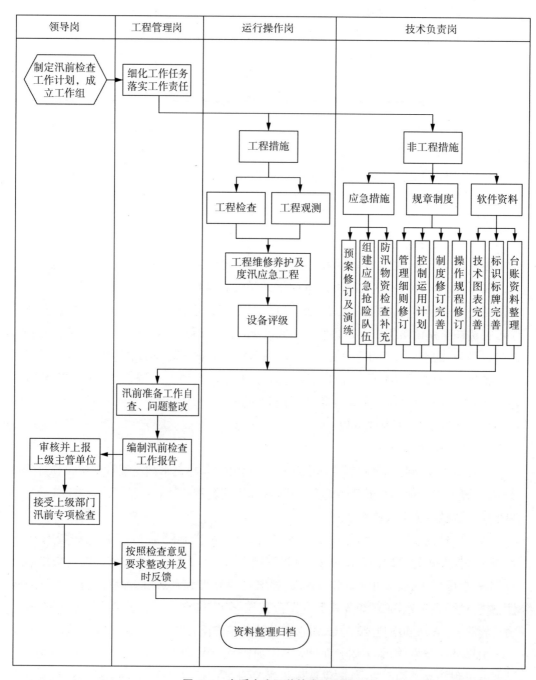

图 6-1　大溪水库汛前检查流程图

（2）作业指导手册

管理处组织对控制运用、工程检查和设备评级、安全监测、白蚁防治、维修养护等5项典型工作分类编制作业指导手册，明确工作实施过程中的作业任务、职责分工、标准要求、作业流程、方法步骤、注意事项及资料台账等，以流程化管理为主线，对工作开展进行全过程、全方位的指导,确保各专项工作从开始到结束的全过程连贯性闭环式管理,对工作行为和过程控制相对固化,避免因管理人员业务能力、责任意识等方面的差异对工作结果产生较大的影响,使工作过程更加可控、成效更有保证。

5. 打造信息管理综合平台

管理处根据水利部智慧水利建设和信息化建设等相关要求,遵循国家、水利行业信息化建设有关规定,结合大溪水库管理特点,构建智慧大溪信息化管理平台,为水库工程标准化、精细化管理、在线动态管理、调度运行、安全监测、雨水情测报、险情识别预警预报等管理职能提供支持,实现工程在线监管和自动化控制。全面提升水库防御灾害能力、水资源调配能力和工程管理能力。

信息化平台包括大溪水库标准化管理子系统、大溪水库精细化管理子系统、大溪水库可视化管理系统。采用主流的 IT 技术路线支撑系统,为大溪水库标准化、精细化管理提供系统支撑。

信息化平台建设力求安全可靠、实用先进,功能设置和内容要素符合水利工程管理标准和规定,界面清晰、简洁、友好,操作简便、灵活、易用,客户端符合业务操作习惯,便于管理和维护。共设置 13 个功能模块,各功能模块以工作流程为主线,实现闭环式管理。不同功能模块间的相关数据应标准统一、互联共享,减少重复台账。

6. 强化效能考核与评定

提高执行力是保证精细化管理取得实效的关键。管理处积极倡导精益求精的管理要求、精准高效的管理手段、追求卓越的工作态度,进一步完善岗位设置、工作职责和考核标准,注重平时考核、量化评价、持续改进,将管理责任具体化、分工到人明确化、考核评价公开化、绩效奖惩透明化,做到事事有人做、人人有事做,切实保证管理精细高效,富有执行力、创新力。同时以精细化、标准化为导向,健全长效管理机制,修订完善了《奖励性绩效工资考核及分配实施办法》《绩效考核实施细则》,确保了精细化管理有序、高效、持续地推进。

7. 推进水生态水文化建设

积极践行"绿水青山就是金山银山"理念,管理处编制《大溪水库管理与保护规划》并按期实施;配合溧阳市政府及大目湖镇政府采取实施农业、企业面源污染拦截措施;开展污水管网建设,实现污水处理全覆盖和生活污水零排放;推进退耕还林、封山育林;实施水库生态清淤、生态浮动湿地工程、水库周边绿化提升工程等多措并举,修复、维护库区水生态、水环境。同时与中科院湖泊研究所长期合作,开展水体保护。

弘扬"务实、创新、高效、和谐"管理处精神,以"文明管理"为抓手,广泛开展各种活动,加强水文化挖掘、梳理、展示和传播;打造(安全文化、管理文化、廉政文化、法治文化)文化长廊,增设各类标牌标识;保护"大溪湖景"、花木实验园、亲水平台等景观;策划"天目明珠"宣传片;完善"魅力大溪"水文化陈列室,有力促进了管理处长效发展。

6.2.3　工程精细化管理成效

实践告诉我们,水利工程精细化管理是升级规范化、助推现代化管理的重要手段。通过推进工程精细化管理,大溪水库管理处 2017 年通过国家水利工程管理单位考核验收,2021 年作为水库管理单位,首家通过江苏省水利工程精细化管理单位评价验收,2022 年通过水利部水利工程标准化管理评价验收,成效十分显著。

6.3　常熟长江堤防

6.3.1　工程概况

常熟市长江河道管理处(以下简称"长江处")成立于 1972 年,为全民事业单位,副科级建制,2004 年通过水利部国家一级水利工程管理单位考核。长江处主要负责长江常熟段防洪工程体系的管理和运行,包括 46.11 km 江(港)堤、23 座闸站涵。长江防洪工程体系在城乡水环境提升、汛期安全保障、服务地方经济发展中发挥了重要的作用,为常熟市建设更高品质"江南福地"奠定了坚实基础。

长江处自通过水利部国家一级水利工程管理单位考核以来,通过了 4 次复核验收。近 15 年来,水利工程管理水平得到了巩固和发展,但与新时代新形势下对现代化水利工程管理要求之间还存在差距。为推动单位在新时代新征程中不断迈上新的台阶,长江处以创建水利工程精细化管理单位为契机,对闸站及堤防工程进行了全面的改善提升,通过不断完善设施设备、提升堤防防洪能力、建设精细化管理平台等多种措施,全面提高水利工程管理水平,逐步走上了规范化、科学化、制度化、精细化的发展道路。

6.3.2　工程精细化管理实践

根据江苏省水利厅印发的《关于加快推进全省水利工程精细化管理工作的通知》精神,长江处对照《江苏省水利工程精细化管理评价办法》,及时组织开展精细化管理单位创建,通过"完善一套体系,夯实二个基础,抓住三大环节,做好四种精细",切实把精细化管理理念落地生根、向各条线纵深发展,取得了明显成效,被江苏省水利厅认定为 2021 年度水利工程精细化管理单位。

一是以"建章立制"为抓手,完善一套体系。及时成立精细化管理评价工作领导小组和工作组,梳理原有 60 项规章制度,修订完善至 92 项,并建立"处—所—科—片(闸)—员"的五级精细化管控体系,明确精细化管理总要求、重点任务,并层层分解落实。

二是以"安全智能"为重点,夯实二个基础。对照精细化评价办法所涉工程状况、安全管理、运行管护、管理保障、信息化管理方面要求,升级改造原视频监控系统,建成精细化管理信息平台；同时以"智能化"促进安全生产精细化，2020年，长江处通过江苏省安全生产标准化（二级）单位评审，下属白茆闸管理所及海洋泾枢纽管理所分别获评2020—2021年度市级"安康杯"优胜班组及2022年度青年安全示范岗。

三是以"全面严格"为原则，抓住三大环节。1.抓任务清单编制。针对处属闸站、堤防工程类型和特点，明确12类93项任务清单，内容涵盖工程控制运用、检查观测、维修养护、安全生产、制度建设、档案管理、应急管理、管理与配套设施管理、水行政管理、汛前汛后检查等重点工作，分别明确了工程管理的具体内容、实施时间及频率、工作要求及成果、责任人。2.抓标准流程制定。共编制了5本工作标准、5本工作手册、24本作业指导书，主要工作流程图60幅。并将相关制度、工作手册、流程图整编成册，发送职工及工程现场，同时组织统一培训学习，要求加以贯彻落实。3.抓内部考核措施。建立单位工作目标管理和个人绩效考核机制，明确各岗位职责，分别制定详细的考核办法和奖惩办法，充分完善分配激励机制。同时成立考核小组对照考核标准，年中年末对聘用人员的德、能、勤、绩、廉等方面进行综合考评，考评结果与绩效挂钩，充分发挥考核的导向和激励作用。

四是以"精准细致"为标尺，做到四种精细。①工程检查"精致"。对涉水项目工程组织开展岸巡、水巡、网巡"三巡"工作，按照审查许可、开工核验、施工管理、工程验收、档案管理等强化环节监管及全流程管理。组织专业人员对堤防、闸站开展日常检查、定期检查和专业检查，重点做好汛前、汛后检查，定期做好各类电气设备的检测检验，做好水下地形监测等，并在台风过境前后做好专项检查，形成细致的检查报告，给出可行的方案建议，切实将检查做到细处，将问题落到实处。②运行调度"精准"。通过精细化管理平台，及时掌握各闸水情数据，根据不同需要进行精准调度；通过与环保、水务等部门的数据联动，监测上下游水位及水质情况，及时改变运行模式，控制城区水位和水质在安全平稳区间，做到精准调度。③设备操作"精心"。定期组织相关人员进行操作内容培训，具体细化到各个流程环节的操作方法、要求、步骤，要求严格按照精细化指导书和操作规程、流程图及操作手册进行操作，做好管理范围、闸门、启闭机、电气设备、监控系统的检查和开闸预警等准备工作，设备运行过程中密切监测各类数据变化，并做好相关运行记录。④监督管理"精细"。制定年度工作计划，细化分解工作任务清单，落实到各个条线，具体到个人，定期开展任务推进会，根据进度进一步细化工作任务；依托精细化管理平台和视频监控系统，及时掌握闸站的实时数据、运行实况、检查记录等；派遣督查组现场查看运行情况，抽查台账记录，实地掌握任务实施进度，促使管理工作推进落实到位。

6.3.3　工程精细化管理成效

1. 亮点做法

（1）"智能化"赋能工程精细化运行。科学编制信息系统，工情信息及时掌握。把精细化管理要求通过微信信息平台和后台管理模块分解成设施设备管理、运行调度、维修保养、效能考核、台账(文档)管理等模块,以微信公众号为依托,建立支持二维码扫码功能的水利工程精细化管理系统,建成设施设备信息化数据库,实现了防汛信息的主动推送、水利设施工情信息实时查阅等应用功能,为水利设施工程调度提供一种更高效、更便捷的管理方式和手段。2021年7月28日,受台风"烟花"影响,常熟普降大雨,内河水位迅速暴涨,白茆塘三环路水位达4.0 m,水情告急。市防指根据精细化管理系统,第一时间掌握了沿江水闸的内外河水位差,精确控制闸门启闭,抓住了排水良机,能排尽排,内河水位在短时间内回落到安全线以下,确保了防汛安全。

(2)"网格化"深化工程精细化管护。全面推行网格精细化管理模式,将沿线46.11 km堤防、23座闸站涵具体分为4个网格,每个网格设1名责任领导、1名网格长和8~12名网格巡查员,进行分段分区域管理,主要将工程巡查、涉水监管、项目管理、防汛防台、志愿服务等日常工作融入网格精细化中,制作精细化管理工作指导手册及巡查记录表,要求港堤区域每日巡查一次、江堤区域每周巡查两次,特殊情况可加密巡查次数,每次巡查均需书面做好记录;对巡查发现问题即时拍照并上传微信群,由责任领导和网格长落实相应处理措施,网格管理员将处理后现场情况再拍照上传微信群,形成闭环管理。同时围绕"一会一群一手册一记录"开例会,分析、确定管理过程中的存在问题及处理措施,并加以改进。2022年共实现全线网格巡查5 000多人次,处理各类问题40多起,拆除违章搭建约130 m²、清理堤坡垦种占用3 500 m²,有效确保了水闸及堤防工程的安全运行。

(3)"共享化"助力日常精细化管理。通过资源共享,赋能高效精细化管理。加强与海事部门、市农林综合行政执法等的合作深度,通过整合各部门长江信息监控系统,将位于堤防沿线、入江口门及水闸上下游的68个视频监控资源共享、情报共用,有效覆盖水域面积50多 km²。同时,利用海事部门发布的常熟港锚泊调度管理系统,对进出闸口的船舶实现总量控制,有序调度,尤其在极端恶劣天气情况下的有效管控,突出违法行为共同治理等功能,更好地发挥协同联动作用,有效保障了辖区船舶安全有序。

2022年9月15日,受台风"梅花"影响,长江沿线各类标志标牌及护堤林木等倒伏较多,长江处通过共享视频监控,在第一时间锁定了标牌及树木的倒伏位置,及时组织了队伍进行处置,消除了各类安全隐患,确保了道路畅通及林木完整度,切实做到了精准把控;通过内部监控调度和外部水事巡查相结合,实现了沿线堤防、闸站等工程全覆盖,仅2022年,通过信息共享共发现并及时查处水事违法违章行为14起,发出停工整改通知书1份,告知书3份,移交属地线索处理3起。

2.工作成果

通过水利工程精细化管理工作的不断深入,长江处水利工程管理成效日益显著。

一是工程效益充分发挥。工程设施运行良好,全年设备检修率下降15%,防洪能力提升明显,常浒河上游主江堤防洪能力提高到了100年一遇标准;工程调度指令执行规范、记录完整,运行安全,2022 年度沿江闸站共计完成安全有效引排 1 600 多潮次,引排量达 19.25 亿 m³,比去年同期增加 200 多潮次,沿江水利工程在全市的防汛保安、水环境整治和城乡经济社会发展中的综合效益发挥显著,自 1997 年江堤达标建设以来未有重大险情发生。

二是工程面貌显著改善。长江处管辖的堤防、水闸等各类工程设施外观整洁,水工、机电、金属结构、监控设备等设施完好齐全;通过共建共享果园,种植杏树、橘树、柿树等树种,建设花园式管理场所,管理范围内环境绿化整洁优美,水土保持良好,成功打造特色沿江闸站特色风貌;全线更新里程桩、标识标牌、技术图表 295 块(套),各类标志标牌内容准确、设置合理;完成堤顶道路沥青混凝土 9 万多 m²,景观提升 5 万多 m²,建成了可漫步、有温度、有活力的长江生态美丽景观带。

三是工程管理有效规范。检查内容规范齐全,频次内容符合要求,工程观测项目、频次、方法、精度符合要求,观测成果汇编成册;工程设施维修养护及时到位,过程规范,记录完整;项目实施推进有序,监管有力,管理资料齐全;按规定开展工程设备评级、安全鉴定等工作,发现隐患及时采取措施,整改落实;工程管理范围划界清晰,权属明确,成为全市水利工程管理的示范样板。

6.4 三河闸

6.4.1 工程概况

三河闸工程位于洪泽湖的东南角,设计流量 12 000 m³/s,是淮河流域第一大闸。工程拦蓄淮河上、中游约 15.8 万 km² 范围的来水,是淮河入江水道的控制口门,为淮河流域防汛抗旱发挥着重要作用。

工程于 1952 年 10 月动工兴建,1953 年 7 月建成放水。闸身共计 63 孔,每孔净宽 10 m,总宽 697.75 m。闸门为钢结构弧形门,采用双吊点卷扬式启闭机启闭。三河闸建成以来经历过 4 次加固改造,主要内容包括提高水闸防洪标准,提升闸身抗震性能,更新启闭机与电气设备,增设启闭机房,改造闸门自动化监控系统等。

1953 年三河闸建成后,江苏省治淮指挥部成立了三河闸管理处,负责三河闸工程运行管理。1954 年三河闸管理处编制了《三河闸管理养护办法(草案)》,率先成为全国水闸管理的范本,也为后来编制水利行业标准《水闸技术管理规程》(SL 75—94)提供了蓝本。

1996 年,经江苏省水利厅批准,江苏省三河闸管理处设立三河闸管理所,具体负责工程的运行管理工作。管理所是正科级建制,内设办公室、工管股、水政股、综合股四个部门,在职在编职工 30 人,其中高级职称 10 人,中级职称 12 人,人员配备齐全,岗位分工明确,技术力量满足工程管理需要。

三河闸工程先后荣获国家级水利风景区、国家级水利工程管理单位、水利部"水工程与水文化有机融合案例"、全国防汛防旱先进集体、全国模范职工小家、江苏省文明单位、江苏省五一劳动奖状、江苏省工人先锋号、江苏省省级机关十佳党支部、江苏省工程精细化管理单位,被评为"江苏最美水地标""江苏最美运河地标",入选首批"江苏省水利遗产名录",被授予"江苏省水情教育基地""江苏省科普教育基地""江苏省环保科普基地"等称号。

6.4.2 工程精细化管理实践

根据江苏省水利厅《水利工程精细化管理指导意见》和《水利工程精细化管理评价办法》具体要求,三河闸工程积极探索精细化管理模式,不断实践精细化管理举措,分别从体系建设、业务提升、平台整合三个方面开展工程精细化管理工作。

1."织密一张网",建立健全水闸精细化管理体系

(1)制定了"详细、全面"的管理任务清单。三河闸管理范围大,工程设施多,涉及专业广,日常管理任务繁杂,为确保各项工作忙而不乱,疏而不漏,管理单位制定了三级网格任务清单,梳理出所有管理任务共计 12 类 58 项,并把每项任务具体到每一个岗位、每一位职工。三级网格任务清单中一级清单主要包括水闸管理三大基本任务,即控制运用、检查观测、养护维修,还包括安全管理、度汛管理、水政管理、制度管理、档案管理、标识标牌管理、教育培训、工程检查与设备评级、配套设施管理 9 项派生任务。对一级清单中 12 类项目再分类,形成二级清单。如检查分为日常检查、定期检查、专项检查;观测分为垂直位移、水平位移、测压管水位、河床变形等。对二级清单中性质不同或内容较多的项目再细分至三级清单,如日常检查分为日常巡视和经常检查(表6-5);定期检查分为汛前检查、汛后检查、水下检查等,并且任务清单随着工程变化

表 6-5 日常检查任务清单

项目名称	工作内容	实施时间及频率	工作要求及成果	岗位责任
日常巡查	按照规定巡查路线,巡查水工建筑物、设备、设施、工程环境等重点部位	1. 未开闸或开闸流量小于 4 000 m^3/s 时,每天巡查不少于 1 次; 2. 开闸流量达到或超过 4 000 m^3/s 时,每天巡查不少于 3 次	1. 按照规定巡视路线和检查内容进行巡查。 2. 发现异常情况立即报告管理所技术负责人。 3. 填写"三河闸工程日常巡查检查记录表"	技术员值班员
经常检查	建筑物各部位、闸门、启闭机、机电设备、观测设施、通信设施、水文设施、管理设施及管理范围内河道、堤防、拦河坝和水流形态等	1. 未开闸或开闸流量小于 4 000 m^3/s 时,每周检查不少于 1 次; 2. 开闸流量达到或超过 4 000 m^3/s 时,每周检查不少于 3 次	1. 按照规定检查内容分组进行检查。 2. 发现异常情况立即报告管理所技术负责人。 3. 填写"三河闸工程经常检查记录表"	技术员值班员

和管理要求提升进行适时完善。任务清单逐一明确各项工作的目标任务、完成标准和完成时限,既明确了"谁来干、干什么",又规定了"何时干、怎么干"。

(2) 明确了"拔高、严格"的管理标准细则。管理单位全面收集与工程相关的国家标准、行业标准、地方标准以及规范性文件等,充分结合水闸实际,整理编制了一套要求拔高、执行严格、内容详实、可操作性强的技术标准细则,切实做到有规可循,有据可依。三河闸技术标准细则涵盖了工程基本情况、主要技术参数、控制运用、检查观测、养护维修、安全管理等所有管理内容,细则重点在控制运用的技术方法、检查观测的等级频次、维修养护的工艺方法等方面提出了明确具体要求。例如,在水平位移监测项目上,详细明确了"精"与"密"的标准。"精"是在原有规范基础上提升一个数量级,精度精确至 1/100 mm,更能反映出监测数据细微变化的情况;"密"是在每周观测频次要求上增加至每天,并且为了找到温差对闸身水平位移的影响,增加至昼夜三次测量,测量的数据更加具有规律性和说服力,为系统全面分析水闸安全稳定提供了详实可靠的数据。

(3) 形成了"准确、详实"的作业指导手册。管理单位针对每一项管理任务清单,对照每一项管理标准细则,认真开展每一项工作作业指导手册的编制,指导手册主要包括作业流程图和作业指导书。作业指导手册严格按照安全管理"两票三制"要求,遵循作业逻辑关系,将每一项准备工作、操作工作、分析研究工作、检查考核工作等均以流程图的形式展示,让作业人员一目了然,清晰易懂,避免了违规作业和遗漏操作。三河闸工程编制形成包括调度运用、检查试验、设备运行、养护维修、水文测报、工程测量、应急处置等共 28 项流程图,编写了包括三河闸卷扬式启闭机检查养护、弧形闸门检查养护、电气设备检测试验、水工建筑物检查观测、闸门自动控制系统巡检维护等 30 个作业指导书。每个作业指导书均明确了范围、任务、标准、方法、流程和注意事项等内容。

2020 年三河闸工程顺利通过了江苏省第一批水利工程精细化管理考核验收,2021 年管理单位汇编出版了《三河闸工程精细化管理体系》。

2. "培育一帮人",培养树立职工精细化管理理念

(1) 强化队伍建设。近年来,管理单位立足岗位实际需求,制定了人才引进和职工培养计划,重点引进自动化与信息化专业人才,走进重点院校广泛开展宣传,招聘选择优秀毕业生,两年来引进的研究生学历人才占比达到 30% 以上。重点培养一线专技工勤人员的动手和创新能力,开设了名师班、技师工作室、技能实训室,定期开展业务竞赛、操作比武、实战演练等活动,不断锻炼和培塑业务技能人才队伍,培育精细化管理的生力军。

(2) 根植精细理念。管理单位制定了详细的精细化培训计划和考核方案,定期组织学习、培训和开展考核,根据工程专业不同,分设了水工、水文、电气、金结、自动化等专业小组,分别开展标准化体系学习讨论,并通过现场的实际操作不断检验和落实标

准化的要求,对不适应管理要求或操作性不强的标准和条文及时修改完善,最终让精细化理念深入到所有一线工作人员。

（3）充分展示成果。管理单位将精细化管理制度、标准、流程以及技术图表等在工程现场醒目位置进行明示,规范统一标志图牌的规格型号、图文内容、图框样式。在工程设备设施上,明示值班巡视的路线、检查测试的方法、维修养护的标准等内容,让值班、检查、维护等人员做到一看就懂、方便操作使用。在管理范围内,完善各类标识标牌,明确标识名称、标识尺寸和标识数量,做到标识标牌设置醒目、位置合理、检查维护到位。

3."整合一盘棋",精心打造信息化管理平台

为贯彻落实水利部《关于推进水利工程标准化管理的指导意见》和《水利工程标准化管理评价办法》要求,管理单位以精细化管理为契机,精心打造了信息化管理平台,不断推进工程精细化管理,为推进水闸工程数字孪生做好充分准备。

三河闸信息化管理平台主要通过感知体系提升改造,GIS、物联网、信息化等技术应用以及计算分析模型搭建,实现感知要素自动化、数据信息集成化、业务场景可视化、考核决策智能化。平台以文本、图片、视频等多媒体数字形式展现水闸管理全过程中的成果资料,实现了自动控制、视频监视、安全监测、预警预报等信息系统整合,全面反映工程的安全状况和管理过程。

6.4.3　工程精细化管理成效

1. 工程管理水平实现了"三精"

（1）运行调度精准。摸索总结水闸运用规律,通过多次操作模拟和演练,准确记录每一项工作完成的时间,预演执行调度指令过程中可能出现的突发问题,精准推算调度运行时每一个环节所需要的最大时间,并在实际调度中进行检验,总结形成了一张从调度指令接收到完成开闸操作运行再到水文报汛完成的流程时间对照表（表6-6）。在日常运行调度工作中,运行值班人员严格按照时间对照表要求执行运行调度指令,确保了每个环节内容执行精准,做到了每项任务完成不超时。

表6-6　闸门启闭流程时间对照表

任务流程	接收、传达调度指令	首次开闸准备/中途调节闸门准备	完成开（关）闸操作	回复调度指令	水文报汛
完成时间（不超过）	2分钟	15分钟/5分钟	8分钟	2分钟	3分钟
工作内容	登记、传递信息	人员就位、设备准备、引河检查/设备检查	远程/现地操作	回传调度指令单、电话回复	网络报汛

要求:首次开闸全过程时间不超过30分钟,中途调节闸门时间不超过20分钟。

（2）流量控制精准。深入分析并找出流量控制不准的原因，从人的因素和物的质量，分别进行整改完善，修正编码器读数与闸门开高转换公式，优化公式参数，设定提升精准控制的合格率目标为87％。通过2021年和2022年水闸运行实际流量控制结果检验，流量控制精度平均达到了93.2％，流量控制精度度显著提升。

（3）日常管护精细。管护的内容和部位精细。主要体现在工程隐蔽部位的精细管理，包括电缆沟、电缆桥架和电缆敷设的整治提升，启闭机封闭式齿轮罩壳进行透明展示，配电柜内部和底部进行全面整理等，通过整治和改造，彻底解决传统粗放管理模式下的"脏、乱、差"等问题，显著提升了工程管理形象；管护的方法和手段精细。研究应用摩阻型拦船设施，避免传统刚性结构拦船索硬碰撞带来的弊端，采用柔性停船方法，当船舶撞击拦船设施时，钢丝绳先张紧再延伸，当其内力达到设计值，摩阻机转动释放钢丝绳，同时摩阻装置产生摩阻力做功消耗船舶动能并克服水流力，船舶逐渐减速并最终停止，钢丝绳呈V形拦截船舶，既安全又有效。该项技术荣获了江苏省水利科技进步三等奖。创新应用高精度绳索张力仪，检测启闭机双吊点钢丝绳受力情况，实现了双吊点启门力偏差控制在10 kN范围内，充分保证了启闭机双吊点的平衡。运用红外热成像仪对电气设备进行监测，及时发现启闭机制动器衔铁线圈温度异常和电缆头发热等故障，为巡查和检修提供技术保障；管护的标准和要求精细。编制形成了包括水工建筑物、变配电设备、金属结构、环境卫生、绿化养护等共32项管护的标准，细化管理要求和养护频次，明确岗位责任和监督考核，切实保证了精细化管理工作的质量。

（4）安全监测精密。三河闸工程开展精密安全监测内容包括垂直位移、水平位移、底板扬压力、闸身侧向绕渗、河床断面等。2022年，三河闸率先在大型水闸中开展了闸身水平位移监测研究与应用，建立了自动化水平位移监测系统，采用引张线法和倒垂法相结合的测量方法，通过在闸身伸缩缝处安装引张线仪，采集测量建筑物的相对位移量，再通过桥头堡两端倒垂装置进行校核，实现水平位移绝对变化量的转化，为大型水闸安全管理研究提供了数据，成为江苏首创。另外，三河闸还实现了传统人工垂直位移监测向自动化监测的转变，在闸身侧向绕渗、底板扬压力等监测上也实现了自动化测量。经过对数据人工比测，测量数据精准可靠，实现了测量数据的连贯性，为安全稳定理论分析提供了重要数据基础。

2. 工程安全可靠性明显增强

工程安全是开展精细化管理的一个重要目标，三河闸始终把安全放在首要位置，提升工程安全系数和管理质效。一是对标安全生产标准化一级单位要求，细化安全管理制度，尤其是在容易疏忽的附属设施管理、生活用电用气、水上检查作业等加强了安全管理，完善了管理制度，落实了责任和措施，有效杜绝事故的发生。设计制作水闸启闭机房外侧安全工作平台，平台通过上下轨道可在1♯～63♯闸孔之间任意行走，人员在工作平台内可安全开展墙面维修、玻璃窗台保洁、照明设施维修等日常维修养护工作，彻底消除人员工作时坠入闸下的危险。二是工程设施和设备故障率显著降低。经统计,2016—2020年期间,63台套闸门启闭过程中的故障率为3.85%,2021年实现精细化管理后,故障率降低至1.03%,工程整体安全运行可靠性得到显著提升。三是安全生产保持"零"事故。工程日常运行、维修养护、检查观测等工作严格按照流程进行,流程的第一环节就是做好安全防护措施,明确安全生产责任,落实安全员监督,消除安全隐患。

3. 管理人员业务素质显著提升

精细化管理的推进,需要管理人员不断学习和思考,不断探索研究方式方法,不断掌握多专业多领域的知识。2020年以来,根据精细化管理的要求,管理单位持续开展职工业务技术培训,先后组织了精细化体系、安全监测系统、信息化系统、闸门应急抢险、启闭机应急维修等专业培训和演练,常态化开展职工每月一试、每季度一考,定期开展水闸业务技能比武和竞赛,深入开展"师带徒、传帮带"活动。管理所技术人员技能水平不断提升,技术力量不断增强,高技能人才不断增加,其中江苏省333高层次人才1人,淮安市533英才工程人才2人。

4. 工程环境面貌大幅改善

2003年三河闸被评为国家级水利风景区以来,管理单位不断打造和提升工程环境面貌。2012年三河闸对启闭机房和启闭机设备进行了更新改造,工程设施和环境有了一定程度的改善和提升。但随着水利现代化建设要求不断提升,工程标准逐步提高,三河闸管理设施和环境还存在不少薄弱区域。2020年以来,在江苏省水利厅推动精细化管理的浪潮下,在相关部门大力支持下,三河闸不断优化整体规划设计,不断加大改造优化力度,先后完成了老旧房屋、病险设施、文化广场、绿化环境等改造提升项目,逐渐形成了一大批特色水文化景点,并成为国家级水利风景区高质量发展的典型案例。

在水情教育方面,三河闸秉承精细化管理理念,逐步打造精致的水情教育基地,建设完成了"两馆、两带、两园"。"两馆"是指洪泽湖治理保护展示馆和三河闸展示馆,其中洪泽湖展示馆全面系统地介绍了洪泽湖的概况与成因,讲述了古今治水管湖的举措,着重展示了新时代洪泽湖管委会在治理保护洪泽湖上取得成效。三河闸展示馆巧妙运用水利工程、水文化遗存、加固改造历程等,充分发挥传承治水文化、弘扬治水精神、讲述红色记忆的重要作用。"两带"是指明清治水文化带、生态文明示范带。先后整修镇水铁牛、乾隆御碑、洪泽湖水文化碑廊、礼河坝遗址、礼湖、洪泽湖大堤南首等展示古代治水智慧的治水景点,形成了明清治水文化带。深入践行"绿水青山就是金山银山"的绿色发展理念,兴修了礼湖岸线生态示范工程,成功打造生态文明示范带。"两园"是指以"一定要把淮河修好"主题碑刻、荣誉广场、"三河闸记"文化广场为核心打造的畅淮园和以杨廷宝大师设计的独具特色的办公生活场所为主的古建园,展示千年淮河治水史和老一辈水利人以苦为乐、精益求精的奋斗史。

6.5 二河闸

6.5.1 工程概况

二河闸位于江苏省淮安市洪泽区高良涧东北约 7 km 处（淮安市洪泽区滨湖路 350 号），建成于 1958 年，为大（1）型水利工程，共 35 孔，单孔净宽 10 m，闸总宽 401.8 m。

二河闸设计标准为：分淮入沂设计流量 3 000 m³/s，校核流量 9 000 m³/s；引沂济淮设计流量 300 m³/s，校核流量 1 000 m³/s；淮水北调设计流量 750 m³/s，供给淮安、盐城、连云港、宿迁四市 1 030 万亩农田灌溉用水和工业、生活用水。

二河闸是淮水北调、分淮入沂和淮河入海水道的总口门，又是引沂济淮的渠首，发挥着泄洪、灌溉、航运、供水等综合效益。二河闸管理所是国家级水利工程管理单位、省级水利风景区，二河闸是江苏省人民政府确立的省级文物保护单位。

新中国成立之后，中华人民共和国中央人民政府政务院作出了《政务院关于治理淮河的决定》，毛泽东主席又发出了"一定要把淮河修好"的伟大号召，淮河流域开展了声势浩大的治淮工程。二河闸就是在这种历史背景下应运而生，于 1957 年 11 月开工建设，至 1958 年 6 月建成，历时不到 1 年，其中土方工程约 267 万 m³，石方工程约 1.2 万 m³，耗费混凝土 6 万余 m³，钢筋约 2 000 t。

从工程建成投入使用以来，二河闸泄水总量超 4 000 亿 m³，相当于 100 余个洪泽湖总蓄水量。近年来，二河闸年均泄水量约 80 亿 m³，在地区社会经济发展中发挥着越来越重要的作用，被誉为"洪泽湖的北大门、苏北四市的水龙头、四河航运的大秤花、淮北发展的助推器"。

6.5.2 工程精细化管理实践

1. 解放思想，确定精细化管理措施方向

思路引导一切，思路决定一切。多年来，江苏省淮沭新河管理处毫不动摇地将"精细化"作为水利工程管理工作的主要关键词，坚持"精、准、细、严"的工作标准，采取"编教材、育人才、创特色"等措施，强化工程管理精细化的落实与突破。管理处于 2017 年上半年印发了《水利工程精细化管理实施方案》，启动实施水利工程精细化管理"两年计划"。二河闸管理所按照组织要求连续两年委派青年骨干参与 25 项精细化课题攻关，参与专项探索和总结。同时，管理所多次参与全处精细化管理推进会和小范围的精细化研讨会，参与省内外电力、交通以及行业内精细化标杆单位学习。精细化管理思路如表 6-7 所示。

表 6-7　水利工程精细化管理思路

工作思路	探索创新、特色开路、样板先行
工作方法	编教材、树样板、育人才、创特色
推进原则	典型示范、以点带面
工作目标	规章制度健全、管理标准明晰、作业流程规范、督查考核严格
推进措施	专项文件、专项机构、专项会议、专项课题、专项机制

2. 健全体系，落实工作责任与目标

管理所成立水利工程精细化管理工作领导小组，认真谋划、精心组织，明确精细化管理路线图和时间表，驰而不息建立精细化管理体系。建立健全了一套完整的精细化管理规章制度，包括岗位责任类、安全生产类、防汛抢险类、工程管理类、水政监察类、档案管理类、行政管理类等制度，定期组织职工学习，关键岗位职责制度和技术图表在合适位置上墙明示，同时加大对各项制度的执行、监督和考核力度。在工程控制运用、维修养护、检测与观测、安全生产、档案管理、职工教育等方面坚持高标准、严要求，做到标准立足高、执行立足实、检查立足细、监督立足严、协调立足快，整个管理过程做到事前有计划、事中有检查、事后有总结，确保管理职能的履行。

3. 建章立制，做好教材编制基础工作

水利工程运行管理的精细化，首先是各类制度、标准、流程的精细化。为了更好地推进精细化，管理单位把梳理制度和固化标准、流程列为首要工作，使得精细化管理有教材、有依据。通过编制大纲、成立小组、审查修改等过程，编制出版水闸精细化管理标准 122 条，水闸精细化管理用表 187 类，《水利工程精细化管理一本通》等，编写《水利工程典型作业指导书》1 本，《水利工程运行手册》1 本，操作类工作流程图 9 项，精细化管理任务清单 14 类 108 项，岗位设置及工作职责 14 项等。开展工程管理资料台账提升行动，对工程管理制度和操作规程、工程管理细则和作业指导书等逐步完善提升，对工程管理台账资料进行优化和简化，形成 5 大类 11 项工程管理记录本，引导资料台账向精、细、全、优、简方向发展。

4. 推进工作流程管理精细化

（1）维修项目流程管理

随着江苏省淮沭新河管理处持续推行优化流程、简化手续、细化台账、强化管理的"四化"原则和质量安全交底制、评选优良项目制等措施，二河闸管理所参与修订《维修养护项目管理办法》，参与编制招标公告、比价纪要、合同等范本，同时在工作中引入第三方质量检测，在管理所范围内将维修养护项目精细化管理推行到位，实现管理工作流程化，减少和避免工作差错，实现工作从开始到结束的全过程闭环式管理。

维修养护项目实现全流程网上审批，如图 6-2 所示，包含项目立项申请、方案审批、养护计划、项目变更等流程，层层分解跟踪，确保维修养护项目规范实施。利用 OA

办公系统,固化办公流程,实现了网上审批、最新动态及重要信息发布、工程信息查询、公文流转、请示报告等功能流程,执行过程简单明了,程序规范,便于监督检查,大大提高工作效率。

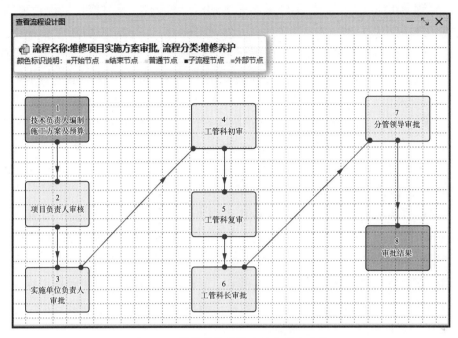

图6-2 维修养护项目全流程网上审批

（2）工程运行流程管理

根据相关规范规程、工程控制运用特点梳理分解各阶段工作任务,对典型性、规律性、重复性强的工作积极推行流程化管理,绘制工作流程图,实现管理工作流程化,减少和避免工作差错,实现工作从开始到结束的全过程闭环式管理。编制了主要工作流程图共9类24项,并发送至相关工作人员及工程现场便于运用和学习。

工作流程图内容涵盖指令执行、检查观测、评级流程、工程观测、维修养护、安全生产、档案管理、制度管理、水政管理9个方面。工作流程图编制过程中注重流程的逻辑性、连续性、协调性,主要采用线性描述,直观可视,内容齐全准确,切合工作实际,针对性、操作性较强。

（3）作业指导流程管理

二河闸管理所近年来大力推进精细化管理工作,认真编制作业指导书,包含运行调度执行、操作流程及步骤、故障处理、应急救援、工程检查等工作。

作业指导书涵盖了全部重点专项工作,明确了重点单项工作实施过程的作业任务及职责分工、标准要求、作业流程及方法步骤、注意事项以及资料格式,内容完整准确,通过图片、数字、表格等方式,将操作尽量形象化,针对性操作性较强。当工程状况、工作内容或工作标准等发生变化时,及时组织修订完善作业指导书。管理所每年定期组织培训,帮助工程技术人员学习掌握精细化作业指导书的业务知识和全过程管理要求,工程日常运行管理有了更详细、更具体、更便于操作的指导依据。

流程执行的步骤是一个系统过程,流程执行的效果是决定精细化管理成效的重要环节。管理所组织完成了流程图的编制完善,并汇编成册。及时修订工程管理细则,使工程管理精细化真正做到有章可循。另外,管理所对工程控制运用、工程检查等重要工作流程直接在作业现场进行了上墙明示,在启闭机房明示控制运行、现地操作等流程,在中控室明示指令执行、日常检查、运行巡视检查等流程,在档案室明示档案归档、借阅等流程。在管理所教育培训中,工程作业指导书和相关流程是重要的学习内容之一,平时督促管理人员熟练掌握并严格执行。注重流程执行环节的衔接,定期检查跟踪工作动态,加强过程控制,形成全过程台账资料,并按资料管理要求进行归档整理。

(4)标识标牌流程管理

二河闸管理所委托专业公司统一设计了制度牌、工程管理资料封面、资料盒等格式,统一设计制作"水利工程管理通则牌"等7类精细化标牌,"常见伤害应急处置卡"等17类精细化提示牌。并根据实际情况每年对制度牌、标识标志牌、设备管理卡及时更新,对管理细则、规章制度等资料汇编修订。同时,参与编制水利工程标识标牌设置标准,并对管理所上墙制度进行统一审查、统一排版、统一格式。

5. 借助科技创新助力推进精细化

二河闸管理所进一步明确工程为王、安全先行的思想,把工作重点定位在工程管理与运行上,把工作的基调落到精细化上。将"高质量发展"和"补短板、强监管、提质效"作为工程管理的主旋律,把精细化落实到最基层、最小单元和日常工作中,向"工作全细节、行为全方位、过程全覆盖"要求,长期坚持,不断发展。

(1)对35台启闭机进行汽车烤漆处理。2020年,二河闸管理所对35台启闭机采用汽车烤漆工艺处理,原启闭机外表层油漆外层粗糙,经常性开裂、脱落,每年多次对外表面进行处理修复,浪费大量人力、财力。烤漆工艺处理后,启闭机外面油漆面光滑,转动部位分色明显,油漆10年内不会存在开裂、脱落问题,精细化管理措施成效显著。

(2)研发智能远程轨道巡检机器人。由于二河闸河道较宽,管理范围较大,工程位置显著,特别是汛期来临时,下游非法捕捞船只停靠闸区闸门下方,危及人身安全以及严重干扰闸区的正常运行工作,需要工作人员每天对水闸运行进行巡检。由于工作量较大,时间长,需要对每个孔洞的实时情况进行监测,以及传统人工巡检不仅耗费大量的人力,工作效率低下,巡检覆盖率与及时性无法得到保证,同时也无法针对单一孔洞的进行详细监控的情况下,采用了搭载智能轨道机器人平台的远程监测平台,每天两次自动巡视上下游,并利用热成像相机可对水面及闸桥人员目标进行全天候分辨识别。

（3）对二河闸启闭机房22条伸缩缝采取智能监测。水利工程中的建筑物墙体裂缝与伸缩缝应定期监测分析对水利工程安全运行的影响，而传统人工检测方法存在主观性强、整体性差、时效性差等诸多问题，埋设传感器实现伸缩缝安全监测，现场监测线路会很长，外露的传感器线缆易受到外接环境的破坏，不但对水利工程监测带来一定的隐患和不安全因素，也对水利工程的精细化管理带来诸多不便。根据《水利工程观测规程》（DB32/T 1713—2011）的要求，拟采取一种无须埋设线缆无源无线的三轴伸缩缝监测装置，结合二河闸现有的轨道巡检机器人系统，可实现伸缩缝智能精密监测。

（4）对二河闸1～5号孔采取钢丝绳智能探伤监测。钢丝绳智能探伤监测系统搭配智能攀索机器人，内置8个GMI磁场探测器，使用高速物联网技术与运行于笔记本PC的监控软件进行通信。人工将该机器人设备安装到钢丝绳上，并固定好，在监控软件设置好机器人运行参数后，机器人即自动沿钢丝绳移动并进行测量。其工作原理是，利用GMI磁探测技术的高灵敏性、高响应速率、小型化、低功耗、高可靠性，监测悬索桥梁中悬索内部由于结构变化（裂纹、锈蚀等）而导致的磁场的异常，从而判断出悬索是否发生结构异常。

（5）开发启闭机运行在线振动监测系统。二河闸对15台启闭机安装振动监测设备，当机器设备运行过程中产生故障导致振动频率过大，报警信号通过数据传输通道发送到设备接收平台，操作人员收到报警信号后及时对设备进行停止检修，避免造成安全事故。

（6）开发一种水文缆道勘测"无源"安全监视系统。无源指的是在没有人员、电力、网络的情况下安装安全监视设备，该设备由于主要是采用可再生新能源供电的无线传输模式，通过远距离无线传输至控制平台，从而保证水文勘测工作安全进行。

（7）对二河闸启闭机房电缆提升改造。对启闭机房25米电缆沟内电缆进行提升改造，新、老职工共同动手，对各类电缆进行检查，对线缆桥架、托架进行加固维修，增设接地装置和防火隔断，标识标牌分层分色，增加可视化检查窗口等。

（8）推进标识标牌的精细化。编制标识标牌设置标准和标识标牌"六统一"制度，统一设计工程管理资料封面、资料盒等格式，统一设计安装"水利工程管理通则牌""组合式安全警示牌"等7类精细化标牌，"常见伤害应急处置卡""十大安全禁令""重点巡检部位"等17类精细化提示牌。精细化标牌如表6-8所示。

表6-8　精细化标牌一览表

标牌类别	规章制度	技术图表	安全警示	限值管理
数量	53	14	142	118

（9）推进安全生产标准化。立足"常态化、痕迹化、规范化、专人化"的原则，推行安全生产标准化常态化管理，成为省内第一批水利安全生产标准化二级水管单位。执行安全生产责任清单、工程本质安全清单、工程管理"严管20条"、安全生产"严管20条"

等规章制度，编制《安全生产标准化一本通》等安全精细化管理材料，推行"五个一"施工现场安全管理机制，大力推进安全生产标准化工作常态管理。

（10）结合水文化建设推进精细化。结合水利工程的历史背景、地域特色，创作相关诗词歌赋、水墨画、摄影作品，整理相关水文化水历史的经典语句和经典瞬间，并以艺术的形式在工程现场装裱展示。二河闸水文站是国家级水文站和中央报汛站，2021年在二河闸下游缆道房设立水文展陈馆，把展板介绍和实物展示结合在一起，记录了二河闸水文工作发展与进步，展示二河闸水文工作多年以来取得的荣誉。2022年打造了"分淮入沂·淮水北调"展陈室，展陈室通过沙盘模型、文字、图片、视频、实物等集中展示分淮入沂工程的建设与管理历程，把沧桑半个世纪的悠悠治水历史一一呈现。

6.5.3　工程精细化管理成效

近年来，管理单位经历了水利工程管理由粗放到规范、由规范向精细、由传统经验管理向现代科学管理转变的过程，认真贯彻落实《江苏省水利工程精细化管理评价办法》，精准定位，与时俱进，改革创新，扎实推进精细化管理工作，取得了显著成效。管理单位先后创建成为国家级水管单位、省级水利风景区、省级精细化管理单位、安全生产标准化管理单位，并获得江苏省最美水地标、江苏省最美运河地标等荣誉称号。

充分发挥水利工程防洪保安和提供优质水源的作用，发挥了巨大的社会效益。仅2022年，二河闸闸门就精准启闭125次，累计正向供排水量65.24亿 m^3，反向引沂济淮、引江济淮运行80天，达历史最长天数，累计向洪泽湖补水4.7亿 m^3。

第7章

水利工程精细化管理评价

　　江苏省水利工程精细化管理实践从探索、试点,到推广,精细化管理成效在逐步显现,在工程状况、安全运行、精准调度、提升效能、提高水平等方面都取得了良好的效果。

　　截至 2021 年,江苏省国家级水管单位数量保持全国领先,厅属管理单位全面实施了精细化管理,取得了明显成效。江苏水利工程精细化管理模式多次得到水利部肯定。

　　针对首批通过水利工程精细化管理评价的江苏省江都水利工程管理处等 3 个典型单位的实践情况,采取定性指标、定量指标分别进行精细化管理成效评价。

7.1 评价方法

为了更好地评价水利工程精细化管理工作,从理论层面着手提出相关方法,通过理论与实践相结合,构建水利工程精细化管理评价指标体系与评价模型,对水利工程精细化的成效进行分析,并总结经验。

理论评价指标体系是在保证其理论的系统性、全面性的基础上,融合水利工程管理的实际应用内容,分别从组织建设、制度建设、标准管理、流程管理、资金管理、进度管理、质量管理、安全生产管理、现场管理、人力资源管理、档案管理、信息化建设以及评价管理 13 个方面着手,构建水利工程精细化管理模式评价指标体系。

7.1.1 评价方法概述

水利工程精细化管理评价主要涉及两方面内容,即指标权重的求解以及构建评价模型。常用的评价方法有:层次分析法、德尔菲法、DEA 数据包络分析法、美景度评判法(SBE 法)、加权移动平均法与线性变换法、主成分分析法与灰色白化权函数聚类法等,不同的方法各有优缺点以及适用范围。

1. 层次分析法

(1) 层次分析法概述

层次分析法(The analytic hierarchy process,简称 AHP)是美国著名运筹学家、匹兹堡大学教授 Thomas L. Saaty 提出的,它提供了在设计指标时从总体系统出发,分层次地分析影响总体性能的相关因素,按照下层指标服从上层指标及综合最优原则,来确定并建立总体系统评价指标递阶层次结构模型的方法,它是一种"系统的合理性"过程。层次分析法的特点是把复杂问题中的各种因素通过划分成相互有联系的有序层次,根据构建的主观判断结构将专家意见和分析者的客观判断结果直接有效地结合起来,将定量分析与定性分析相结合。当一个决策受到多个要素的影响,且各要素间存在层次关系,或者有明显的类别划分,同时,各指标对最终评价的影响程度无法直接通过足够的数据进行量化计算的时候,就可以选用层次分析法。

(2) 层次分析法的作用

层次分析法是对一些较为复杂、模糊的问题做出决策的简易方法,适用于难以定量分析的问题。多适用于多目标决策,用于存在多个影响指标的情况下,评价各方案的优劣程度;其本质在于确定每个判断矩阵各因素针对准则的相对权重,属于权重计算的一种方法。

(3) 层次分析法主要步骤

层次分析法主要可以简化成四个步骤,分别是通过分析系统中各因素之间的关系,构建递阶层次结构模型;同一层次的元素关于上一层次元素的重要性比较,构建两两判断矩阵;进行判断矩阵的一致性检验;计算各层元素对目标层的总权重并进行排序。

递阶层次结构的建立。层次分析法在实际分析过程中主要是将层次具体地分层,建立起层次结构模型,研究问题的元素按照逻辑关系形成层次,通常可以分为:最高层(目标层),一般是分析问题的目标结果;中间层(准则层),是指实现目标所涉及的中间环节,其中包括需要考虑的指标、子指标;最底层(方案层),包括实现目标的各种解决措施及决策方案。最高层次的元素只有一个,每个元素所支配的元素一般不得超过七个,如若元素过多时,可进行进一步分组。层次之间的联系一般强于同一层元素之间的关系,如果出现同一层元素之间的联系大于层次之间的联系,那么层次位置必须重新确定,同一层次元素之间的位置可以随意变动。最高层指标对最底层指标起着支配的作用,最底层指标服从最高层指标,每一层指标需要通过两两判断矩阵得出相对应的权重,最后通过层次之间的相互递阶性可以求得指标对于总目标的相对重要性排序。

构建两两比较判断矩阵。确定各层次元素的权重。当元素对于准则的重要性可以直接定量表示时,其相应的权重可以直接确定;通常权重直接获取比较困难,需要采用其他方法导出权重,层次分析法将采用两两比较法,通过多次反复回答问题对指标的重要性程度进行赋值。

权重的计算及一致性检验。根据判断矩阵计算出权重,进行一致性检验。检验的目的是避免由于混乱的判断矩阵而导致决策出现失误。一个正确的判断矩阵的重要性排序是要有一定的逻辑性的。

计算各元素对目标层的合成权重,计算方案总得分,判断方案优劣。上步计算得到的只是单一准则下的元素的相对权重即某一组元素对其上一层中某元素的权重向量,理想得到的是最底层对于目标层的排序权重,因此采用"合成权重"的方法对其权重合成,进行方案选择。进行权重合成时应当自上而下且逐步进行总的一致性检验。

(4)层次分析法的主要特点及适用范围

层次分析法简单明了,将定性分析与定量分析相结合,把人的主观判断用数量形式表示出来,能够比较准确地反映社会领域的问题,具有深刻的理论基础,能够得到广泛的应用。层次分析法不仅适用于存在不确定性和主观信息的情况,还允许以合乎逻辑的方式运用经验、洞察力和直觉。最大优点是提出了层次本身,能够衡量指标的相对重要性。

将层次分析法运用到水利工程精细化管理过程的主要作用为:在水利工程精细化管理评价指标体系中能够检验各层赋分是否合理可行,避免出现误导性判断,一个混乱的矩阵有可能会导致决策的失误,因此对指标进行一致性检验非常有必要。若各层指标的一致性检验因子 CR 均小于 0.1,则通过一致性检验,可以认为判断思维的逻辑性保持一致,判断矩阵合理,赋分科学有效。

2. 德尔菲法

（1）德尔菲法概述

德尔菲法本质上是一种反馈匿名函询法。其大致流程是：在对所要测评的问题征得专家的意见之后，进行整理、归纳、统计，再匿名反馈给各专家，再次征求意见，再集中，再反馈，直至得到一致的意见。

德尔菲法较为简便直观，无须建立繁琐的数学模型，适用于缺乏足够统计数据和没有类似历史事件可借鉴的情况。

（2）主要步骤

成立专家小组。依据课题所需要的知识范围确定专家，必须包括理论实践方面的专家。

采用通信的方式向专家提供所要预测问题的相关背景材料并请专家做出答复。

将专家们第一次判断结果进行汇总，对比分析，将汇总结果再次分发给各位专家，比较自己与他人的不同意见从而修改自己的判断。

将所有专家的意见进行汇总，再次分发给各位专家，进行第二次修改。逐轮收集意见并进行不断的修改直到每个专家不改变自己的意见为止。

对专家的意见进行综合处理。

（3）主要特点及适用范围

德尔菲法主要优点是可以加快预测速度以及节约预测费用，获得各种不同的但是有价值的观点与看法，便于独立思考与判断，是一种低成本的集思广益，并且有利于探索性地解决实际问题，应用比较广泛，主要适用于长期预测或大趋势的预测，在历史资料不足或者不可测因素比较多的时候，以及主观因素对预测事件的影响较大时比较适用。

将德尔菲法应用于水利工程精细化管理的方式主要是进行专家评分，并根据专家评分来划分等级，取若干水利工程精细化管理研究人员按照水利工程精细化管理评价指标体系及指标说明对指标层因素进行打分。其中，研究人员不但要有足够的专业知识和工作经验，而且还需要能够在较长时间内保持精力的集中。但是该方法也存在一些缺点，比如对于部分方面的预测可能不够可靠，责任比较分散，专家的意见可能会比较不完整，比较容易忽视少数人的意见。

（4）德尔菲法的作用

德尔菲法作为一种主观、定性的方法，主要应用于预测领域，在具体指标的确定以及建立评价指标体系中具有重要作用。

3. 加权移动平均法与线性变换法

加权移动平均法，是对观察值分别给予不同的权数，按不同权数求得移动平均值，并以最后的移动平均值为基础，确定预测值的方法。采用加权移动平均法，是因为观察期的近期观察值对预测值有较大影响，它更能反映近期市场变化的趋势。所以，对于接近预测期的观察值给予较大权数值,对于距离预测较远的观察值则相应给予较小的权数值,以不同的权数值调节各观察值对预测值所起的作用,使预测值能够更近似地反映市场未来的发展趋势。总之,就是不同对待移动期内的各个数据,对于近期数据给予较大的权数,对较远的数据给予较小的权数,通过这样来弥补简单移动平均法的不足。加权移动平均法主要对定量指标进行评价。

线性变换法是数据标准化处理的一种常用方法:包括数据趋同化处理和无量纲化处理两个方面。数据趋同化处理主要解决不同性质的数据问题,对不同性质指标直接相加总不能正确反映不同作用力的综合结果,必须先考虑改变指标的数据性质,使所有指标对测评方案的作用力趋同化,再加总才能得出正确结果;数据无量纲化处理解决的是数据可比性的问题;线性变化法即为无量纲化的一种方法,旨在消除不同评价指标量纲、数量级的差异。主要公式如下:

$$Y_{i'j} = y_{i'j}/y_i^{\max}(y_{i'j} \text{ 为正向指标}) \qquad \text{公式 7-1}$$

$$Y_{i'j} = y_i^{\min}/y_{i'j}(y_{i'j} \text{ 为负向指标}) \qquad \text{公式 7-2}$$

4. 灰色白化权函数聚类法

灰色聚类是根据聚类对象将一些观测指标或者观测对象聚集成若干个可以定义类别的方法。白化权函数可以定量地描述某一评估对象隶属于某个灰类的程度(称权函数),即随着被评估指标或样点值的大小而变化的关系。灰色白化权函数聚类法则是以白化权函数为聚类对象,对若干观测指标或者观测对象进行类别定义的方法。

灰色白化权函数聚类法主要用于检查观测指标或观测对象是否属于事先设定的不同类别或是具备不同的特征,以区别对待。

5. 精细化管理评价方法比较分析

精细化管理评价指标体系的构建主要通过以上几种方法实现。采用德尔菲法与层次分析法进行指标体系的构建以及指标权重系数的确定,分别采用 SBE 法、加权移动平均法对定性、定量指标进行评价。

精细化管理评价方法可根据主观和客观两个角度进行归类,层次分析法、德尔菲法、灰色白化权函数聚类法、模糊综合评价法均属于主观方法。其主要内容和适用性如图 7-1、表 7-1 所示。

7.1.2 水利工程精细化管理评价指标

1. 评价指标构建原则

(1) 科学性原则

评价指标体系作为一种评价工具,必须遵循一定的科学规律,采用科学的方法和手段,确立的指标必须是能够通过观察、测量等方式得出明确结论的定性或定量指标,既要准确地反映指标内涵,又要实事求是地反映指标体系的有效性。

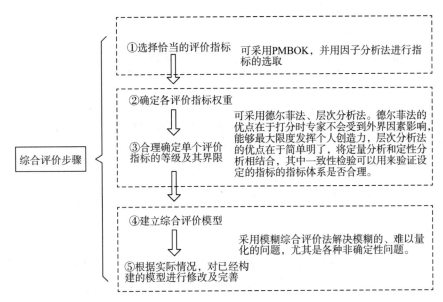

图 7-1　精细化管理综合评价步骤及适用方法

表 7-1　精细化管理评价方法对比

类别	方法	主要内容	适用性
主观方法	层次分析法	从总体系统出发,分层次分析影响总体性能的相关因素,按照下层指标服从上层指标及综合最优原则,确定并建立总体系统评价指标递阶层次结构模型	适用于多目标决策:当一个决策受到多要素影响,且各要素间存在层次关系,或有明显的类别划分,且各指标对最终评价的影响程度无法直接通过足够的数据进行量化计算时
	加权移动平均法	对观察值分别给予不同的权数,按不同权数求得移动平均值,确定预测值的方法	对于近期数据给予较大的权数,对较远的数据给予较小的权数,来弥补简单移动平均法的不足
	德尔菲法(专家打分法)	本质上是一种反馈匿名函询法	适用于缺乏足够统计数据和没有类似历史事件可借鉴的情况
	灰色白化权函数聚类法	以白化权函数为聚类对象,对若干观测指标或者观测对象进行类别定义	适用于观测指标或是观测对象有明显的类别特征,需区别对待的情况

（2）先进性原则

精细化管理理论一直在持续发展,因此,在该指标体系的研究、设计过程中,应积极吸收更多的现代管理思想及方法。尽量多地参考国际上发达国家的专家学者所研究出的结论,总结归纳为我所用,体现可持续发展及动态性。

（3）系统性原则

在编制该指标体系时,要注意各级指标之间的协调统一,不能相互冲突,设置的层次结构要合理,使各层指标能够反映整个水利工程运行的整体情况。同时各个指标之间,以及各层次之间关系应符合一定的逻辑关系,相互之间协调统一,下层为上层服务,整体为目标服务。

（4）易操作性原则

在构建指标体系过程中,所选择的指标应较容易理解、可量化、容易采集、能够准确反映实际情况。

（5）定性与定量指标相结合原则

精细化管理体系的评价指标应尽可能量化,用精确的数据更能直观地评价绩效水平的优劣。但是在实践中并不是所有的指标都能量化,有些是限于成本,有些非关键指标无须量化,有些是现有研究水平无法实现,有些可能限于测量方法及工具的能力。因此总的原则是尽量选择定量指标,如果无法做到,则应选择最直观的定性指标,做到定性与定量指标相结合。

2. 评价指标内容

通过研究相关水利工程项目精细化管理过程,以及模块化设置精细化管理要素,提取水利工程精细化管理中普遍涉及的最常遇到的管理模块,分别为:组织;制度;成本;质量;进度;安全;现场;技术;生产要素;人力资源;风险;合同;沟通;文档。将以上14个要素整理归纳为六大部分。

（1）组织与制度精细化管理:组织模块的任务是选择管理的组织形式,确立组织结构、划分工作部门,确定岗位职责、落实工作人员,项目责任管理体系的建设等;制度模块需要明确典型的工作流程,规范管理工作行为,同时,规范具体的工作标准;人力资源用于指导岗位管理和考核管理。

（2）成本精细化管理:保证工程运营质量和安全的基础上,通过制定合理的项目运营和维护方案,运用现代化的管理手段,对项目进行全方位、全过程、全员的统一管理,以达到降低运营成本的目的。

（3）质量与风险精细化管理:质量模块包括事前、事中、事后质量控制,制定质量管理体系标准,规范质量问题处理程序,及时进行质量检查验收等;安全模块要求做到安全目标明确,人员作业安全,施工机具、机械设备的安全,作业环境安全,落实安全生产责任等;按照风险管理的流程,从项目风险的预测、识别和分析,然后对风险进行评价,采取措施进行控制,并将其记录以便后续回顾和管理风险。

（4）现场与生产要素精细化管理:做好对现场的平面设计和现场布置,按照已经规范化了的作业流程对现场的工序进行管理;同时,对现场各种生产要素包括材料、设备、资金应该进行精细化管理。

（5）进度与技术精细化管理:编制项目的进度计划,定时检查项目的实际进度,分析产生进度偏差的原因,进行纠偏,保证对项目控制精准;对项目过程中采用的技术制定一套技术指标,及时进行技术交底,按照编制的规范实施。

（6）信息系统精细化管理:包括项目的各种合同以及文档的管理,项目管理信息化,实现管理现代化。

主要借助于 PMBOK(Project Management Body of Knowledge)知识体系构建评价指标体系,将其应用于水利工程精细化管理的评价中,能够使得评价体系的建立更为全面化、专业化、理论化、标准化,提高评价结果的可靠性。但该知识体系往往忽略参与方的差异性,因为知识体系规定的模块基本是确定的,而水利工程管理的运行评价内容则是不确定的,要视工程具体的管理制度、管理过程等来加以明确,二者之间存在一定的差异,如何进行匹配,消除差异仍有待商榷。

3. 精细化管理评价指标体系

结合水利工程管理单位实际,对前文构建的水利工程精细化管理体系 14 个模块分类进行了如下调整。第一,由于水管单位在生产要素、风险以及沟通层面所涉内容偏少,故对这三类指标予以剔除;第二,水管单位在财务方面主要涉及各类经费的审批以及相关费用的调度等,因此将"成本管理"替换成"资金管理";第三,将合同管理与文档管理予以合并,以"档案管理"列示;第四,根据水利工程精细化管理重点工作,加入"标准管理""流程管理"和"信息化建设"三个指标,并将技术管理相关内容融入"流程管理";第五,根据水利工程管理考核标准增加相关成效层面指标,主要涉及工程效能、工程安全、工程质量三部分内容。水利工程精细化管理成效分析指标体系构架图如图 7-2 所示。

水利工程精细化管理三级评价指标架构层面、运营层面、成效层面说明分别如表 7-2、表 7-3、表 7-4 所示。

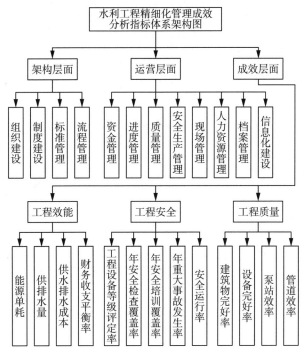

图 7-2 水利工程精细化管理评价指标体系构建

表 7-2　水利工程精细化管理三级评价指标架构层面说明

一级指标	二级指标	三级指标	具体说明
架构层面	组织建设	职能精细化管理	基于管理目标合理设置相应的职能部门
		框架精细化管理	纵向分层次,横向分部门,科学合理地进行岗位设置与任务分工
		协调精细化管理	各层次、部门之间的协调、联系、配合情况
	制度建设	规章制度制定	针对控制运用、调度管理、运行操作、值班管理、检查观测、维修养护、设备管理、安全生产、水政管理、环境管理、档案管理、岗位管理、教育培训、目标管理和考核奖惩、财务管理、精神文明、综合管理、人事管理等工程以及非工程管理方面建立、健全、完善相应的规章制度,满足管理需要,具备可操作性,且汇编成册,以正式文件印发
		管理细则制定	针对各类工程的控制运用、工程检查、设备评级、工程观测、维修养护等专项工作,依据针对性和可操作性原则,制定、完善相应的管理细则,并及时修订
	标准管理	工作标准制定	依据水利工程管理相关规定,对建筑物及机电设备管护、控制运用、检查观测、安全生产、经费使用、工作场所管理、环境绿化管护、标识标牌设置等明确相应的工作标准和要求,且标准内容全面、具体,可操作性强,并汇编成册
		资料图表管理	各类档案资料、技术图表等齐全,内容完整,格式相对统一,记录、填写规范。收集、整理、归档、保管符合档案资料管理规定。规章制度、技术图表按规定的内容、相对统一的格式进行明示
		标志标识设置	在建筑物、河道、机电设备、管理设施、工作场所等设置必要的标志、标牌。各类安全警示标牌、管理范围界桩、工作提示标牌以及机电设备的标色、编号等指示应规范、醒目,设置位置合理,台账齐全
	流程管理	工作流程设置	针对各类工程的控制运用、工程检查、设备评级、工程观测、维修养护等主要工作,建立规范的工作流程
		技术检验与核定	对相关作业的工作流程及技术操作开展检验和核定工作,确保控制运用、工程检查、工程观测、维修养护等技术工作的顺利进行,避免造成经济损失
		作业指导书编制	针对各类工程的控制运用、工程检查、设备评级、工程观测、维修养护等专项工作,编制相应的作业指导书,涵盖工作内容、标准要求、方法步骤、工作流程、注意事项、资料格式等
		过程管理强化	①推行作业流程化管理,强化管理行为的规范、管理流程的衔接、管理要求的执行和工作动态的跟踪,并形成过程台账资料; ②结合信息化系统建设,将流程化管理的要求在相关工程监控和应用系统中固化; ③根据工程的实际情况对过程进行"渐进性改进",并做好改进、变更记录,形成全面的过程管理模式

表 7-3　水利工程精细化管理三级评价指标运营层面说明

一级指标	二级指标	三级指标	具体说明
运营层面	资金管理	支出预算	①根据单位实际需求,编制单位年度预算,按照规定进行审核并汇总上报; ②明确各类支出预算的管理,基本支出预算根据管理单位的基础信息资料和国家标准自动生成,项目支出预算实行项目库管理; ③严格按照批复执行预算,并根据实际情况进行调整报批
		资金核算	①及时掌握工程经费、项目经费、行政经费的使用完成情况,准确核算,定期报告; ②了解跟踪单位经营项目的进展情况,确保经营收入及时入账,经营费用按标准如实列支
		经费控制	①严格遵守单位经费审批制度,按经费的开支规定列支费用,严禁虚列支出和违规支出,不得擅自扩大开支范围,做到专款专用,如有调整,必须按照规定程序进行,完成相应手续; ②定期对各类进度款项进行检查核实,杜绝无效成本;强化对专项资金的管理
	进度管理	进度规划	针对本工程、本单位的具体情况,按照工程精细化管理相关要求,制订年度工作目标计划,并将重点工作分解细化至各个阶段,编制工作任务清单,且内容齐全、切合实际
		进度控制	以工作任务清单为依据,及时跟踪检查工作任务的完成情况,比较、分析实际进度与计划进度的偏差,找出偏差产生的原因和解决办法,确定调整措施,对原进度计划进行修改后再予以实施,尽量将进度变动控制在合理范围内
		进度协调	①建立进度协调小组,协调好工作任务与内外部之间的关系,保证各项工作顺利进行; ②努力协调、平衡好工作进度和工作质量之间的关系,实现二者的效益最大化
	质量管理	前期质量审查	①工程管理方面:对工程建设队伍、维修养护队伍以及各个分包商资质进行审查考核,对相关技术文件、报告等进行详细审阅; ②非工程管理方面:对各项工作任务所配备的工作人员的资质、能力进行审核考察
		过程跟进检查	①工程管理方面:及时跟进、检查工程建设或维修养护的完成情况,掌握工程建设或维修养护在质量、经费、进度等方面的配比情况,了解质量事故的处理、协调情况; ②非工程管理方面:及时跟进、检查各类工作任务的完成情况,确保工作开展顺利
		后期质量验收	①工程管理方面:及时开展工程建设或维修养护完工后的各类竣工检验活动;工程完工后,及时检查各类闸站建筑物、河道、大坝、附属设施以及各类机电设备、金属结构、监控设备、特种设备以及管理配套设施的齐全、完好、整洁情况; ②非工程管理方面:及时检查、考核各类工作任务的最终完成效果,检验工作质量
	安全生产管理	安全生产组织保障	①安全生产组织网络建设:单位内部设立安全生产领导小组,根据人员变动及时调整、充实,对维修现场、临时安装工地及其他工作场所指定安全员; ②人员安全培训及特种作业人员持证上岗:单位主要负责人、安全管理人员以及从业人员等依法接受培训考核;确保特种作业人员经过专门培训并取得合法资格证书,且持证上岗
		安全生产基础保障	①安全投入:做到安全生产费用的有效使用以及安全生产资金投入的有效保证; ②生产作业场所安全与劳动保护:确保生产作业场所安全,有序管理各类特种设备,强化从业人员的劳动保护

续表

一级指标	二级指标	三级指标	具体说明
运营层面	安全生产管理	安全生产管理保障	①安全生产操作规程:建立、健全适应单位安全生产需要、操作性强的各项安全操作规程,并严格执行; ②设备设施安全保障:确保安全设备、系统和装置的设计、制造、安装、使用、检测、维修、改造和报废符合国家标准和行业标准,定期做好维护保养、检验检测以及相关记录,并确保特种设备场所符合安全规范要求; ③安全生产宣传教育:定期开展劳动保护、安全生产的宣传教育工作,采取三级教育、特种作业人员专门教育培训、经常性安全教育等方式及时组织相关案例、制度、标准的学习、培训; ④隐患排查治理及重大危险源监控:按要求认真开展相关专项整治工作,定期排查并及时治理隐患,开展危险源辨识和风险评价工作,及时发现问题和隐患; ⑤应急救援:根据危险源辨识、生产经营活动风险评估,制定本单位的事故应急救援预案,建立事故救援体系,落实应急救援措施并定期组织演练; ⑥对外监管:对项目施工、承包、租赁活动进行安全监管,签订安全协议或合同,开展有效安全检查; ⑦安全生产奖惩措施:建立健全相应的安全生产奖惩措施,确保奖励、赔偿、处罚等工作落到实处
		安全生产日常工作	①安全生产责任落实:确保各工程管理单位、经营单位、机关单位职责明晰、任务明确、责任落实; ②安全生产工作完成:及时贯彻国家、江苏省水利厅及管理处安全工作会议和文件,对布置的安全生产工作设置具体的安排、部署和检查,并按照要求及时规范报送各种工作信息; ③安全生产会议参加:按要求组织有关人员参加活动会议,并按要求及时报送有关材料; ④安全生产检查:组织各职能部门负责人、各专业技术人员成立工程管理、在建工程等方面的安全生产检查工作组,开展经常性或日常检查、汛前和汛后定期检查、特别或专项检查等,对全单位的安全生产思想、制度、管理、隐患进行检查; ⑤事故统计与分析:坚持事故处理的"四不放过"原则,科学、公正地进行伤亡事故、轻伤事故、工程重大安全事故、重大火灾事故、机械设备重大事故、道路交通重大责任事故、食品中毒和重大传染性事故的调查、分析、定责、报告、处理、统计等工作
	现场管理	作业管理	①依据各项工作的操作手册,规范现场作业流程; ②做好作业计划编制工作,确保现场作业调度顺利,进度统计、质量把关、检测控制等正常运行; ③根据现场实际作业情况,及时改进、调整作业形式及工作流程
		设备与物资管理	①根据现场作业需求,合理配置设备设施、物资等,并加强设备设施、物资的管理,确保合理利用、安全操作以及整体效益; ②定期进行设备维修养护、试验、校检、评级,保证设备完好,同时确保相关记录完整
		环境与保障管理	①根据工程管理相关规定,合理设置作业区域、作业环境等,并在特殊场所以及特种设备放置必要的标志标识,保障现场作业; ②作业完成后,及时清理现场,确保现场整洁,并进行有效监督和管理,并配合环保部门做好环境监测和检查工作,发现问题及时整改

一级指标	二级指标	三级指标	具体说明
运营层面	人力资源管理	岗位管理	①科学设置工作岗位,明晰岗位工作标准,细化岗位工作内容,完善岗位工作说明,明确岗位工作职责,推行岗位责任管理,确保责任有所落实,并强化问责机制; ②做好任务分工与岗位协作,形成不同岗位之间的协同、约束机制,确保各项工作顺利展开,共同推进精细化管理
		人事工作	①规范干部管理工作,明确提任条件、提任要求、提任程序、交流工作、退休制度等,保证干部管理工作的顺利进行; ②合理规划、配置工作人员,明确各类岗位职工的聘用原则、聘用条件、聘用程序、聘用方式、聘用管理及离职管理等,强化岗位聘用工作
		职工管理	①明确职工教育、医疗救助、互助基金等与职工管理直接相关的管理机构、管理规定、管理内容等,促进职工管理工作规范化、科学化; ②明确各类退休职工的服务工作模式、服务工作内容等,加强退休职工服务工作; ③针对各类职工,组织相应的学习、培训、教育活动,提升职工履行岗位职责的资质和能力
		考核管理与奖惩措施	①建立单位工作目标管理考核和个人绩效考核制度,制定完善考核办法和标准,推行常态化工作绩效考核机制,并针对岗位职工以及领导干部设置的具体考核内容,采用适当的考核程序及考核办法等,对岗位职工以及领导干部进行周期性考核,准确评价工作实绩; ②设定相应激励措施,建立完善考核奖惩激励机制,将考核结果与评奖评优、收入分配及岗位聘用、职务晋升相挂钩,鼓励和引导职工履职尽责、爱岗敬业
	档案管理	科技文件收集、整理及归档	①收集各类与工程建设和管理有关的、具有考查利用价值的各种载体文件资料,确保各类文件与工程建设和管理的同步,并保证各类文件清楚、清晰、整洁、有效、可靠、符合规定、易长久保存; ②确保各类文件按照具体要求进行分类、排列、编号、归档,并科学设置档案目录及检索,便于查找、审核
		科技档案验收	按照要求对工程基本资料、设备基本资料、设备维修资料、试验资料、工程检查资料、工程维修养护资料、工程运用资料、工程观测资料等进行验收
		科技档案移交	针对泵站、水闸、变电所、电力试验室等不同单位,按照要求移交相应科技档案,并确保档案移交时交接手续的正常履行
		科技档案保管利用	①按照相应要求,指定专人保管; ②确保档案室或资料室的卫生及安全设施到位; ③定期对各类档案进行抽样检查; ④确保科技档案的借阅、登记以及科技档案的鉴定、销毁符合规定、落实到位
	信息化建设	信息设备水平	确保计算机、传真机、电话、多媒体、电子信箱、网络、监控系统、应用系统等信息设备配置到位并充分利用
		信息人力资源水平	确保单位信息化工作人员的数量、素质、技能符合单位发展规划
		信息资源开发利用水平	借助监控系统、应用系统、办公系统等,确保各项工作流程的信息化,固化流程管理,并提升单位整体的信息化水平,提高工作效率;通过升级监控系统、开发应用系统、完善办公系统等方式,优化单位信息化平台,提升信息化质量,确保各类信息的准确性、及时性

表 7-4 水利工程精细化管理三级评价指标成效层面说明

一级指标	二级指标	三级指标	具体说明
成效层面	工程质量	设备完好率①	通过以设备运行时间方式或以频次方式考核设备完好率情况。测算对象主要包括水泵、主电动机、主变压器、高压开关设备、低电压器、励磁装置、直流装置、保护和自动装置、辅助设备、压力钢管、真空破坏阀、闸门及启闭设备等。设备完好率不应低于90%,其中主要设备的等级不应低于二类设备标准
		建筑物完好率②	泵站主要建筑物包括主泵房、进出水建筑物、流道、涵闸等。完好建筑物指建筑物等级达到一类或二类标准。建筑物完好率应当达到85%以上,主要建筑物的等级不应低于二类建筑物
		泵站效率③	泵站效率即为泵站输出有效功率与泵站输入有效功率的比值。根据不同的泵型、泵站设计扬程、平均净扬程以及水源的含沙情况有不同的泵站效率要求。①净扬程小于3 m的轴流泵站或导叶式混流泵站效率≥55%;②净扬程为(3 m,5 m)的轴流泵站或导叶式混流泵站效率≥60%;③净扬程为(5 m,7 m)的轴流泵站或导叶式混流泵站效率≥64%;④净扬程为7 m以上的轴流泵站或导叶式混流泵站效率≥64%;⑤输送清水的离心泵站或蜗牛式混流泵站效率≥60%;⑥输送含沙水的离心泵站或蜗牛式混流泵站效率≥60%
		管道效率	管道效率指在泵站装置中,管道由进出水管路及进出水池组成,管道效率=水泵净扬程/(管道损失+水泵净扬程)
	工程效能	财务收支平衡率④	财务收支平衡率是年度财务收入与运行支出费用的比值。财务收入主要包括国家、地方财政补贴、水费、综合经营收入等;运行支出主要包括电费、油费、工程及设备维修保养费、大修费、职工工资以及福利费等。一般来讲,财务收支平衡率指标不应低于1.0
		能源单耗⑤	反映泵站水闸的设备效率和机组运行工作情况的综合性技术经济指标。泵站能源单耗考核指标应当符合以下规定:对于电力泵站,净扬程小于3 m的轴流泵站或导叶式混流泵站与输送含沙水的离心泵站的能源单耗不应大于4.95 kW·h/m³,其他泵站不应大于4.53 kW·h/m³
		供水排水成本⑥	供水、排水成本主要包括①供水、排水生产成本:直接工资、材料、固定资产折旧、水质检测费用等组成。直接工资指直接从事水利工程运行维护人员的工资、奖金、津贴补贴和各种工资费的附加。材料指水利供水排水运行维护过程中实际消耗的原材料、辅助材料、电费、备品备件、燃料、水质检测费、水温水工检测费、动力以及直接相关的支出。折旧的计提与供水排水直接相关的、使用年限在一年以上的资产都作为固定资产计算在内,包括水工建筑物、房屋及其他建筑物、设备、工具仪器等,折旧费用按照规定的比例计提。②期间费用主要指供水经营者为组织和管理供水生产经营活动而发生的合理的管理费用和财务费用。采用单位水量核算供水排水成本
		供排水量⑦	供水量分为单项工程供水量与区域供水量。区域供水量由新增工程与原有工程所组成的供水系统调节计算后得出
	工程安全	工程设备等级评定率	泵站工程设备等级评价周期为1年,水闸工程设备等级评价周期为两年。根据相关等级评定管理办法,工程设备单元划分、评级标准、评级程序及内容都有具体规定。评级均采用管理所自评价及管理处复核评定相结合的办法
		年安全培训覆盖率	严格执行教育培训制度,加强职工安全技能培训
		年安全检查覆盖率	主要包括对以下四个方面的检查次数:①安全生产组织体系,安全生产责任书签订情况检查;②安全专项检查;③安全台账检查;④特种设备检查
		安全运行率⑧	对于长期连续运行的泵站,备用机组投入运行后能满足泵站排水要求的,计算安全运行率时,主机组停机台时数中可扣除轮修机组的停台时数
		年重大事故发生率	有人员伤亡即认为发生了重大事故。应当包括在重大事故发生率之内

注:①设备完好率计算公式:$K_{sb}=\dfrac{N_{ws}}{N_s}\times100\%$　　N_{ws}:完好设备的数量,N_s:总设备数量。

②建筑物完好率计算公式:$K_{jz}=\dfrac{N_{wj}}{N_j}\times100\%$　　N_{WJ}:完好建筑物的数量,N_J:建筑物的总量。

③泵站效率计算公式:$\eta_{bz}=\dfrac{\rho gQ_zH_{bz}}{1\,000\sum P_i}\times100\%$　　泵站输出有效功率与泵站输入功率的比值。ρ:泵输送液体的密度,g:重力加速度,H:泵站扬程。

④财务收支平衡率计算公式:$K_{cw}=\dfrac{M_j}{M_c}$　　泵站年度财务收入与运行支出费用的比值。M_J:泵站年度财务收入,M_c:运行支出费用。

⑤能源单耗计算公式:$e=\dfrac{\sum E_i}{3.6\rho\sum Q_{zi}H_{bzi}t_i}$ kW·h/m³。ρ:泵输送液体的密度,H:泵站扬程,E:能耗,Q:流量,t:运行历时。

⑥供水排水成本计算公式:$U=\dfrac{f\sum E+\sum C}{\sum V}$ 元/m³。$\sum V$:供排水量总和。

⑦供排水量计算公式:$V=\sum Q_{zi}t_i$ 亿 m³。Q_{zi}:水泵流量。

⑧安全运行率计算公式:$K_a=\dfrac{t_a}{t_a+t_s}\times100\%$。

4. 精细化管理评价标准内容

水利工程精细化管理三级理论评价指标经过系统分析梳理,除了已有的管理标准、管理制度、管理流程、管理成效,把岗位设置、人员配备、具体作业任务清单、进度等内容融合成管理任务评价指标,突出了管理评价的重要性,设置内部考核(管理评价)指标,从而形成了江苏省水利工程精细化管理六个方面评价标准,即"管理任务、管理标准、管理流程、管理制度、内部考核(管理评价)、管理成效"。

为了全面推进水利工程精细化管理工作,落实精细化管理各项措施,科学评价精细化管理水平,结合水利工程管理实际,江苏省制定精细化管理评价标准,具体内容如表7-5所示。

表7-5　江苏省水利工程精细化管理评价标准主要内容

一级指标	二级指标	具体内容
管理任务 (150)	任务清单(80)	包括年度工作计划、各阶段工作任务和任务清单的编制
	任务落实(70)	包括工作任务分解、岗位设置、岗位标准和考核要求
管理标准 (120)	工程设施(70)	包括工程管理范围内的建筑物、机电设备、工作场所、管理用房、环境绿化等管理要求,并进行培训和修订
	资料图表(20)	包括种类、内容、格式及明示
	标志标识(30)	包括种类、内容、格式及设置
管理流程 (180)	工作流程(60)	包括工作流程图等
	作业指导书(60)	包括专项工作种类、内容、准确性和针对性等
	流程执行(60)	包括管理流程、行为、动态以及流程与信息化应用系统结合的程度

续表

一级指标	二级指标	具体内容
管理制度（100）	管理细则（40）	包括细则的内容、准确性、针对性、修订、报批
	规章制度（30）	包括制度种类、内容、准确性、针对性、修订完善
	执行措施（30）	包括学习培训、执行情况、措施效果及评估总结
内部考核（100）	效能考核（80）	包括考核制度、考核方式、考核标准以及考核情况
	激励措施（20）	包括考核奖惩激励机制、执行情况
管理成效（350）	工程状况（100）	包括工程建筑物、机电设备及附属设施状况、运行状态、外观
	控制运用（30）	包括调度管理、运行操作、值班管理、运行记录及效益发挥
	工程检查（30）	包括工程检查、工程评级等
	工程观测（20）	包括工程观测开展情况，检查报告和资料分析
	维修养护（30）	包括项目管理与过程控制
	评级与鉴定（20）	包括工程评级、安全鉴定、注册登记
	水行政管理（40）	包括管理范围划界确权、水法规宣传和水行政安全巡查、监督管理
	安全生产（50）	包括安全组织体系、安全生产检查与隐患排查与治理，标准化建设
	持续改进（30）	包括工作改进创新等

7.1.3 水利工程精细化管理评价标准科学性及合理性分析

1. 科学合理的评价标准所具备的特征及功能

评价标准作为客观判断研究对象的标尺，其科学性、合理性至关重要。

（1）评价标准特征

通常，一套全面的、有效的评价标准应具有以下特征：第一，能够反映研究对象的核心特征；第二，能够反映研究对象的具体信息；第三，能够较为准确地量化研究对象；第四，能够进行各项指标之间关系的分析；第五，能够为行业、领域内人士普遍了解、采纳，具备一定的可操作性。

（2）评价标准功能

一般认为，一套全面的、有效的评价标准应具备以下功能：

描述功能。评价标准应当能够客观地记录、反映研究对象的基本状况。指标具有对特定现象的描述功能，是这一指标能够反映特定对象的一个基本前提，且这种描述必须具备准确性以及代表性。

鉴别功能。通常情况下，对研究对象进行评价的侧面、角度较多，只有具有一定鉴别力的指标，才能起到监测、评价的作用，才能准确反映研究对象的具体情况。因此，评价标准应当能够反映这种差异，具有鉴别的功能。

预警功能。评价标准是决策者进行分析、研究、调控的重要依据。所选指标应当能够描述研究对象过去的运行轨迹，反映其当前的具体情况，从而对未来一段时间可能产生的发展变化进行预判。即评价标准必须具备预警功能，能够适时进行针对性的调整、改进。

导向功能。一套评价标准，往往代表和反映了研究对象的相关问题，微观上是对研究对象当前现状的具体考量，宏观上能够为决策者评价研究对象提供决策参考。因此，评价标准须具备导向功能，能够为发挥优势、改进不足提供方向引导。

2. 评价标准的原则与构建方法

（1）标准构建原则

评价标准是建立在相关的指标基础上，但其科学构建，并不是将一些指标任意堆积和简单组合，而是根据特定的原则、按照一定规则建立起来的一种指标集，具体原则如下：

科学性原则。评价标准里的每一个指标，应当具有规范的名称、明确的含义和统一的口径。构建的指标体系应当能够充分反映研究对象的内涵，体现其基本特征，在理论上具有科学而坚实的基础。只有符合科学性的原则要求，才能对研究对象进行比较准确的评价，并为正确决策提供有力的参考。

系统性原则。评价标准可以从多维、多重的角度进行理解和把握，这就要求评价标准必须是一个相对比较完备、完整的有机整体，要尽可能反映研究对象所涉的各个方面。

层次性原则。评价标准的构建，需要根据研究对象的本质要求进行合理的分类，并在此基础上分层次建立相应的评价指标。只有按照层次性原则进行构建，才能保证所选指标之间既相互衔接、相互关联，又层次分明、逻辑严密，才能保证构建评价指标体系的思路清晰、结构严谨，为衡量研究对象提供科学有力的保障。

独立性原则。评价标准的构建要体现全面性原则，但是要求重点突出、繁简适当。使每一个具体指标彼此独立、互不重叠，又使整个体系实现协调有序、主次分明。在构建指标体系过程中，必须对于一些内容上有交叉、重叠、混同的指标，要适当进行精简、调整与压缩，从而使整体指标体系不断趋于科学合理。

可比性原则。评价标准的科学合理与否，是否能在一定时间范围及区域范围内进行相互比较是一个重要前提。因此，在构建评价标准时，必须确保各个指标的统计口径、适用范围之间尽量保持一致，涉及客观指标的选取时，对于相对数、比例数、平均数等也要尽量保持一致。只有按照可比性原则选取评价指标和构建指标体系，才能保证评价标准的相对客观、相对科学。

可行性原则。构建一个科学合理的评价标准，不仅是一种理论研究，更是一种实践探索。因此，构建评价标准时，所选取的指标要尽可能是能够计量、能够采集且具体可行的，或者能够通过查阅统计资料、适当量化计算、专家咨询问卷等方式取得，最重要的是，必须契合具体领域的实际需要。根据这一原则，在选取指标和构建体系的过程中，要充分考虑指标的简便易行和可操作性。

（2）标准构建方法

构建科学合理的评价指标体系，从宏观的方法论来讲主要有以下三种：

一是系统法，是指先按研究对象的系统学方向分类，然后逐类定出指标的一种方法。

二是归类法，是指对理论和实践界已经提出的一些与研究对象相关的评价指标按一定的标准进行聚类，并使之体系化的一种方法。

三是分层法，是指根据评价目标的要求，将评价对象划分成若干部分或子系统，并逐步细分直至用具体的、明确的指标来描述、实现的一种方法。

在具体构建评价标准时，这些方法往往并不是相互分割、彼此孤立的，而是互相交叉、彼此融合的，因此，需将三种方法予以综合使用。

3. 水利工程精细化管理评价标准的科学性及合理性验证

（1）评价原则分析

首先，江苏省水利工程精细化管理评价紧扣目标任务、管理制度、工作标准、作业流程、效能考核等核心内容，基于管理任务、管理标准、管理流程、管理制度、管理考核和工作成效等多个维度，对水利工程精细化管理成效进行评价，体现了针对性、系统性原则。

其次，各类一级指标下设多个二级指标，同时明确各个指标的具体赋分情况，确保了所选指标之间的相互衔接和相互关联，且层次分明、逻辑严密、结构严谨，满足层次性原则。

水利工程精细化管理评价标准的制定力求突出重点，充分考虑了指标之间的彼此独立和互不重叠，确保了整个体系的协调有序和主次分明，反映了独立性原则。另外，评价标准里的每一个指标，名称规范、含义明确、口径统一，充分体现了精细化管理在水利工程管理领域的基本特征，符合科学性原则。而且，水利工程精细化管理评价标准也对各类指标的满分数值予以明确，并采用扣分制的形式对各项管理的落实到位情况进行专家评分，实现了指标的量化计算，也具备一定的可操作性，同时也明确了相应的评分机制，统一了指标的评分口径，确保了水利工程精细化管理评价标准的相对客观、相对科学及相对合理，充分体现了可比性原则及可行性原则。

（2）评价方法分析

江苏省水利工程精细化管理评价标准的制定紧扣系统法、归类法以及分层法三种方法。

首先，明确所要研究的核心内容，就是水利工程精细化管理的落实成效，在此基础上，初步明确所要甄选的指标。

其次，结合精细化管理的理论以及其他行业和水利行业精细化管理的实践，对相关指标进行聚类，实现评价标准的体系化。

最后，根据水利工程精细化管理评价目标的要求，将其划分成任务管理、制度管理、标准管理、流程管理、考核管理和工作成效六个子系统，并逐步细分直至用具体的、明确的指标来描述、实现。

评价标准综合运用系统法、归类法以及分层法，使得各类方法得以交叉、融合，确保了标准制定的科学性和合理性。

（3）评价特征及功能分析

江苏省水利工程精细化管理评价标准围绕管理任务、管理标准、管理流程、管理制度、管理考核和工作成效六大方面建立指标体系，并对六大指标进一步细化，形成具体的、明确的、具有代表性的指标体系，实现了整个水利工程精细化管理评价标准的体系化，深刻体现了水利工程精细化管理"精、准、细、严"的核心特征，"立足专业、注重细节、科学量化、永续渐进"的重要原则，"系统化、标准化、信息化、全员化"的工作方法以及"追求卓越、提档升级、精准高效"的崇高理念。

同时，评价标准也客观地反映了水利工程管理单位落实精细化管理的具体情况，并且能够通过相应的评分机制度量精细化管理的运作效率、效益及效果，进而明确该管理模式的具体落实成效，为管理模式发挥优势、改进不足提供努力方向，且适时进行优化、调整、改善。

此外，各项指标虽然互相独立，但是彼此之间的协调关系相对清晰，通过评价能够客观反映精细化管理的实施状况，为精细化管理模式的深入改进及完善提供有效支撑和保障，如图7-3所示。而且面对全行业运行管理各层面，指标内涵通俗易懂、评分口径具体到位，评价方案简便易行，总的来说，此体系满足了一套全面的、有效的水利工程精细化管理评价标准的要求，具备合理性和科学性。

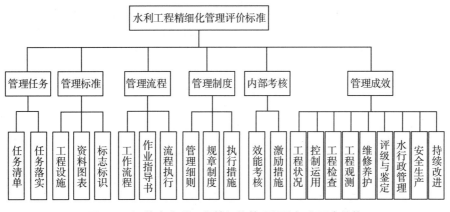

图7-3　江苏省水利工程精细化管理评价标准层次结构

4. 水利工程精细化管理评价标准的一致性检验

为检验各层赋分是否合理可行，借助层次分析法（AHP）中的一致性检验来进行判定。运用层次分析法，分别对准则层和指标层中的各指标之间的相对重要性进行判断，构造比较判断权重矩阵，得到各准则层和指标层因素的相对权重，最后通过组合得

到组合权重 W。

根据层次分析法确定评价指标的权重系数,若各层指标的一致性检验因子 CR 均小于 0.1,则通过一致性检验,可以认为判断思维的逻辑性保持一致,判断矩阵合理,赋分科学有效。各项结果如表 7-6 所示。

经检验,准则层与指标层的一致性检验因子 CR 均小于 0.1,通过了一致性检验,因此可以认为判断思维的逻辑性保持一致,相关指标赋分是科学有效的。

表 7-6 水利工程精细化管理指标权重及一致性检验结果

一级指标	一级指标权重	二级指标	二级指标权重
管理任务	0.150 0	任务清单	0.080 0
		任务落实	0.070 0
管理标准	0.120 0	工程设施	0.070 0
		资料图表	0.020 0
		标志标识	0.030 0
管理流程	0.180 0	工作流程	0.060 0
		作业指导书	0.060 0
		流程执行	0.060 0
管理制度	0.100 0	管理细则	0.040 0
		规章制度	0.030 0
		执行措施	0.030 0
内部考核	0.100 0	效能考核	0.080 0
		激励措施	0.020 0
管理成效	0.350 0	工程状况	0.100 0
		控制运用	0.030 0
		工程检查	0.030 0
		工程观测	0.020 0
		维修养护	0.030 0
		评级与鉴定	0.020 0
		水行政管理	0.040 0
		安全生产	0.050 0
		持续改进	0.030 0
CR=0.00		CR=0.00	

7.2 样本选取及权重测算

按照《江苏省水利工程精细化管理评价办法》以及江苏省水利厅相关专家对有关单位精细化管理进行的评价验收评定结果,进行样本选取及权重测算。

7.2.1 样本选取

选取 2020 年度水利工程精细化管理单位江苏省江都水利工程管理处(简称 JD 管理处)、Q 水利工程管理处(简称 Q 管理处)、S 管理所所辖水利工程进行精细化管理成效分析。JD 管理处作为江苏省水利行业的先行管理者,在水利工程精细化管理研究与实践方面已经进行了长期的探索和总结,现已在制度建设、水文测报、水闸泵站管理、财务管理、河湖管理等方面实现了精细化管理的全面覆盖。Q 管理处立足管理处工程管理实际,编制了工作任务手册、工作标准手册、设备工程维修养护作业指导书等,促进了工程精细化管理水平的进一步提升。S 管理所在广泛借鉴各精细化水管单位实践经验的基础上,结合工程实际建立了闸站、大堤等 4 个工程精细化管理体系,编制了涉及水工建筑物、闸门、启闭机、水泵等 50 余项作业指导书,并于 2020 年 12 月成功创建全省第一批精细化管理单位。

7.2.2 权重测算

邀请江苏省水利厅及有关管理处的水闸、泵站、堤防、水库精细化管理等领域相关专家若干名,按照水利工程精细化管理成效测度指标体系及指标内涵对目标层、准则层、指标层指标的相对重要程度打分,以计算各层次指标的合成权重,结果见表 7-7。

从目标层面来看,成效层面权重(0.371 6)高于运营层面权重(0.315 4),运营层面权重稍高于架构层面权重(0.313 0),说明相比于水利工程精细化管理体系、框架的建设以及工程运行过程中的业务管理情况,水利工程的质量、安全以及效能更能够反映工程精细化管理的成效。这是因为典型水管单位在架构及运营层面的精细化管理受精细化管理任务清单的完善程度、管理流程的标准化程度、管理标准的统一程度以及精细化管理执行过程中的考核力度和监管强度等因素影响,相比于成效层面的定量指标,这些层面的精细化管理成效较难在短期内体现,需要在未来持续改进的过程中逐步提高。

从准则层面来看,成效层面中工程质量权重(0.445 5)高于工程安全权重(0.373 2)远高于工程效能权重(0.181 3),表明建筑物、设备的完好率,工程的安全运行率、工程设备的等级评定率等较财务收支平衡率、能源单耗、供水排水成本等效能指标对于水利工程精细化管理成效的评价更重要。这是由于水利工程是关系国计民生的公益性基础设施,其精细化管理也首先着重于工程的质量和安全方面,在此基础上再考虑工程效能等财务指标的实现。

表 7-7　水利工程精细化管理成效测度指标体系

目标层	权重	准则层	权重	指标层	权重	合成权重
架构层面	0.313 0	组织建设	0.163 8	职能精细化管理	0.243 6	1.248 9%
				框架精细化管理	0.333 3	1.709 0%
				协调精细化管理	0.423 1	2.169 2%
		制度建设	0.233 7	规章制度制定	0.538 5	3.938 3%
				管理细则制定	0.461 5	3.375 7%
		标准管理	0.286 8	工作标准制定	0.197 4	1.771 9%
				资料图表管理	0.394 7	3.543 7%
				标志标识设置	0.407 9	3.661 9%
		流程管理	0.315 7	工作流程设置	0.123 1	1.216 1%
				技术检验与核定	0.338 5	3.344 2%
				作业指导书编制	0.207 7	2.052 1%
				过程管理强化	0.330 8	3.268 2%
运营层面	0.315 4	资金管理	0.102 1	支出预算	0.333 3	1.072 9%
				资金核算	0.346 2	1.114 1%
				经费控制	0.320 5	1.031 6%
		进度管理	0.086 9	进度规划	0.217 9	0.597 6%
				进度控制	0.307 7	0.843 6%
				进度协调	0.474 4	1.300 6%
		质量管理	0.139 7	前期质量审查	0.307 7	1.356 0%
				过程跟进检查	0.282 1	1.243 0%
				后期质量验收	0.410 3	1.807 9%
		安全生产管理	0.182 8	安全生产组织保障	0.192 3	1.108 4%
				安全生产基础保障	0.269 2	1.551 8%
				安全生产管理保障	0.284 6	1.640 5%
				安全生产日常工作	0.253 8	1.463 1%
		现场管理	0.163 9	作业管理	0.192 3	0.994 2%
				设备与物资管理	0.384 6	1.988 3%
				环境与保障管理	0.423 1	2.187 2%
		人力资源管理	0.157 9	岗位管理	0.184 6	0.919 5%
				人事工作	0.300 0	1.494 2%
				职工管理	0.269 2	1.341 0%
				考核管理与奖惩	0.246 2	1.226 0%

目标层	权重	准则层	权重	指标层	权重	合成权重
运营层面	0.315 4	档案管理	0.072 3	科技文件归档	0.123 1	0.280 5%
				科技档案验收	0.276 9	0.631 2%
				科技档案移交	0.269 2	0.613 7%
				科技档案保管利用	0.330 8	0.754 0%
		信息化管理	0.094 4	信息设备水平	0.294 9	0.877 4%
				信息人力资源水平	0.282 1	0.839 2%
				信息资源利用水平	0.423 1	1.258 8%
成效层面	0.371 6	工程质量	0.445 5	建筑物完好率	0.447 4	7.406 4%
				设备完好率	0.552 6	9.149 1%
		工程效能	0.181 3	泵站效率	0.230 8	1.554 8%
				管道效率	0.241 8	1.628 9%
				财务收支平衡率	0.153 8	1.036 6%
				能源单耗	0.109 9	0.740 4%
				供排水量	0.124 5	0.839 1%
				供水排水成本	0.139 2	0.937 8%
		工程安全	0.373 2	年安全培训覆盖率	0.271 8	3.770 4%
				年安全检查覆盖率	0.215 4	2.987 9%
				工程设备等级评定率	0.200 0	2.774 4%
				安全运行率	0.143 6	1.991 9%
				年重大事故发生率	0.169 2	2.347 6%

7.3 分析评价

7.3.1 指标评价

1. 定性指标评价

请专家根据典型水利工程精细化管理的实际情况,按照"优秀、良好、合格、有待改进、不合格"5 个评分标准对定性指标进行打分,对打分数据进行处理计算后,得到各水利工程精细化管理定性指标评价的综合标准化值,结果如表 7-8 所示。

平均值能够反映数据整体的集中趋势,是一组数据水平状况的度量。各水利工程定性指标评价的平均值呈现出 JD 管理处(5.517)高于 Q 管理处(4.904)与 S 管理所(4.502)的特征。差异的出现与各水利工程实施精细化管理的工程基础、落实精细化管理的物质基础、运用精细化管理的思想基础等所处的不同阶段有关。

表 7-8　水利工程精细化管理定性指标评价

测度指标	评价值			
	JD 管理处	Q 管理处	S 管理所	平均值
专家 01	5.148	5.148	4.670	4.989
专家 02	4.848	4.759	4.056	4.554
专家 03	5.005	4.437	4.559	4.667
专家 04	5.578	4.589	4.236	4.801
专家 05	5.791	4.766	4.478	5.012
专家 06	5.697	4.806	4.806	5.103
专家 07	5.735	4.647	4.647	5.010
专家 08	5.552	5.058	4.746	5.119
专家 09	5.496	5.009	4.648	5.051
专家 10	5.419	5.225	4.194	4.946
专家 11	5.770	4.475	4.566	4.937
专家 12	5.591	5.141	3.966	4.899
专家 13	5.690	5.356	4.630	5.225
专家 14	5.683	5.185	4.593	5.154
专家 15	5.760	4.959	4.739	5.153
平均值	5.517	4.904	4.502	4.975

计算结果表明:江苏省典型水利工程精细化管理定性指标评价的平均值为 4.975,占定性指标总评价值 6.284〔区间为(0,6.284)〕的 79.17%,充分肯定了江苏省水利工程精细化管理从探索、试点、推广到现状,精细化管理成效在逐步显现,在工程状况、安全运行、精准调度、提升效能、提高水平等方面都取得了良好的效果。

2. 定量指标评价

纵向来看,将 JD 管理处、Q 管理处、S 管理所各年度指标数据的平均值分别作为江苏省典型水利工程精细化管理 2017—2020 年的定量指标数据值,并测算三个典型单位及江苏省典型水利工程各年度的定量指标标准化值。

三个典型单位以及江苏省典型水利工程的 13 项定量指标的标准化值大部分呈逐年上升趋势,极少部分指标,如供排水量受当年的应急水量、生态水量调度等因素影响,其年际变化趋势具有相对不确定性,但总体态势是不断上升的。

横向来看,对综合数据进行标准化处理,将各定量指标的标准化值与其对应的合成权重相乘,得到各定量指标的综合评价值,如图 7-4 所示。由图可知,水利工程精细化管理成效层面的 13 个定量指标的综合评价值表现为 JD 管理处大于 Q 管理处大于

S 管理所。

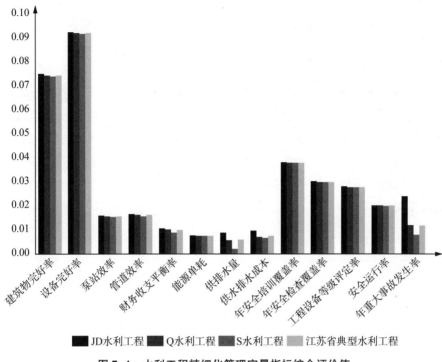

图 7-4　水利工程精细化管理定量指标综合评价值

将各定量指标的综合评价值累加后得到各水利工程精细化管理定量指标的综合评价值,分别为 0.372、0.352、0.341,发现三个典型单位在成效层面的精细化管理差距较小。

此外,江苏省水利工程精细化管理定量指标的综合评价值为 0.353,已达到定性指标总评价值(0.371 6)的 95.00%。

这是各水管单位积极响应江苏省水利厅关于"探索符合水利现代化要求的精细化管理模式,构建水利工程精细化管理体系,加快推进水利工程管理的现代化进程"的指导意见,全面推进制定细化的任务清单、技术标准和规范的工作流程,建立完善的管理信息化平台,并针对工程控制运用、检查观测、维修养护和安全生产等重点工作,强化水利工程全过程精细化管理的必然结果。

7.3.2　分析结论

水利工程精细化管理具有提高工程质量、增强工程效能、确保工程安全运行的作用,通过构建包含架构层面、运营层面、成效层面的定性定量共 52 个指标,综合运用层次分析法、加权移动平均法、线性变换法等对江苏省典型水利工程管理单位 2017—2020 年的精细化管理成效进行分析,结果表明:

1. 定性指标评价。各水利工程精细化管理定性指标评价的平均值以及消除不同专家偏好差异的综合标准化值,呈现出 JD 管理处高于 Q 管理处高于 S 管理所的特征。差异的出现与各典型单位阶段性实施精细化管理的工程基础、物质基础、思想基础等因素不同有关。

2. 定量指标评价。纵向来看,2017—2020 年三个典型单位的 13 项定量指标的标准化值大部分呈逐年上升趋势;横向来看,虽然水利工程精细化管理定量指标的综合评价值有差距,但相互之间的差距较小。这是各水管单位积极响应江苏省水利厅关于加快推进水利工程精细化管理的指导意见,强化水利工程全过程管理的必然结果。

3. 江苏省水利工程精细化管理定性指标评价的平均值为占总评价值的 79.17%,定量指标的综合评价值占总评价值的 95.00%,显示了近年来江苏省水利工程精细化管理成效显著。

第 8 章

水利工程精细化管理实践成效

2016 年起,江苏省水利厅全面推行水利工程精细化管理,经过典型引路、专项研究、技术培训,全省创建了一大批精细化管理工程,形成了水利工程精细化管理模式。实践证明,水利工程精细化管理是升级规范化、助推现代化的重要手段;水利工程精细化管理模式成为江苏省水利管理创新的一大亮点和特色,对促进水利工程管理水平的不断提升和水利工程效益的充分发挥提供了保障。

8.1 水利工程精细化管理模式

8.1.1 水利工程精细化管理模式架构

长期以来,江苏省江都水利工程管理处等典型单位从理论与实践层面对水利工程精细化管理模式进行了积极探索,形成了水利工程精细化管理模式。

水利工程精细化管理模式,以精细化管理理念为先导,遵循注重细节、科学量化、立足专业三大原则,以专业化为前提、系统化为保证、数据化为标准、信息化为手段,按照精、准、细、严的精细化管理要求,以明确工作目标任务、健全制度管理体系、明晰工作标准要求、规范工作过程控制、落实工作岗位责任、完善绩效考评机制为实施要点,围绕任务管理、制度管理、标准管理、流程管理、考核管理、工作成效,积极探索,推行水利工程的精细化管理,并依照树立典型、以点带面、从易到难、由浅入深、逐步推广、持续改进的原则逐步推广至水文测报、财务管理等方面,实现精细化管理在工程管理单位的全面覆盖。同时,完善监控系统、办公系统、应用系统,健全信息化平台,推行智能化管理,借助先进的技术手段实现全单位管理水平的提升,最终确保水利工程的综合效益得到充分发挥。

在精细化管理模式的指导下,实现了管理方式从定性到量化、从静态到动态、从粗放型到精细化管理的转变,使得水利工程管理水平不断提升,也为高水平通过国家级水利工程管理单位考核、安全标准化一级管理单位评审、"全国文明单位"复审、精细化管理单位的创建等提供了强有力的支撑。

基于江苏省水利工程管理典型单位实践的精细化管理模式架构,如图8-1所示。

8.1.2 水利工程精细化管理模式主要做法

以江苏省江都水利工程管理处为例,水利工程精细化管理遵循精细化管理的基本理论,根据水利法规、技术规程及相关要求,借鉴水利同行的先进经验,结合单位实际情况,组织编写出版了《江都水利枢纽泵站精细化管理》《江都水利枢纽水闸精细化管理》,细分闸站工程技术管理、标准管理、制度管理、流程管理、岗位管理和考核管理等,明确精细化管理的推进目标任务和实施路径,力求精细化管理与日常工作紧密结合,为实施精细化管理提供理论指导和实践依据。

1. 引入精细管理理念

江苏省江都水利工程管理处通过长期的积累和发展,构建了较为完善的工程体系,形成了良好的管理基础。为适应水利改革发展和现代化建设的新形势、新要求,2012年起,管理处探索推行精细化管理,以科学管理理论指导水利工程管理实践。贯彻"精、准、细、严"的核心思想,加强方案设计,开展专题研究,构建理论体系,确立水利

水利工程精细化管理

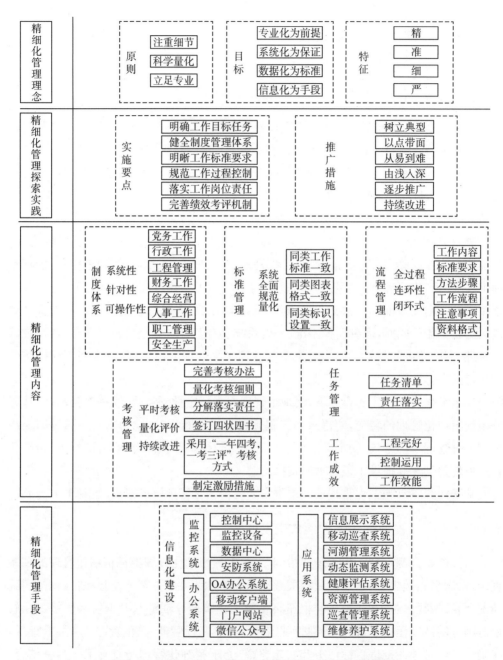

图 8-1　江都水利工程管理处等典型单位精细化管理模式

工程精细化管理的基本模式、工作体系和实施路径,先行探索,从易到难,以点带面,逐步推广。围绕"六大管理"(管理任务、管理标准、管理制度、管理流程、管理评价和管理平台),细化目标任务、明晰工作标准、规范作业流程、健全管理制度、强化考核评价、构建信息平台,探索实践水利工程精细化管理。

2. 落实工作目标任务

坚持目标导向,制定年度工作目标计划,对控制运用、工程检查、设备评级、工程观测、维修养护、安全生产、制度建设、教育培训、水政监察、档案管理、标志标牌管理等11大类重点工作,按照年、月、周、日分解细化,明确各阶段工作任务,编制工作任务清单。其中,泵站管理单位共编制单项任务83项,水闸管理单位共编制72项。

确定各时段工作任务及完成时间节点,横标定人定职责,纵标定时定进度,使得工作要求进一步明确化、系统化。同时,完善管理岗位设置,明确岗位工作职责、岗位标准和考核要求,依据全流程、全环节管理的技术标准与管理要求,建立以岗定责、任务明确的责任体系。

3. 健全管理制度体系

坚持按制度办事、用制度管人。经过长期的积累与发展,形成了具有较为完善且行之有效的制度体系,促进了各项工作有序开展。近年来,不断健全完善各项管理规章制度,涵盖了党的建设、工程管理、安全生产、人事、行政、财务、综合经营、职工管理等诸多方面。2020年,又组织对所有规章制度进行了修订完善,并将管理处本级102项规章制度整理汇编成册,泵站管理单位累计修订各类制度208项,技术管理细则5项,水闸管理单位累计修订各类制度312项,技术管理细则12项。

同时,对关键岗位制度进行明示,狠抓制度落实,保证落到实处。完善的管理制度为精细化管理提供了较为形象准确的立体坐标体系,切实保证各项工作规范有方、管理有章、执行有据。

4. 明晰管理工作标准

标准是指导和衡量工程管理的标尺,是保证管理目标任务执行到位的前提,是克服管理随意性、粗放式、无序化的有效手段。立足自身实际,建立健全较为系统、全面、规范、量化的管理标准化体系,做到全处同类工作标准一致、同类图表格式一致、同类标识设置一致。同时,对照国家标准、水利行业标准及相关规定要求,区分不同工程类型和工程特点,明晰控制运用、工程检查、工程评级、工程观测、养护维修、安全生产、制度管理、教育培训、档案管理、水政管理、标志标牌设置等工作标准。对各类管理资料、技术图表以及设定位置均做相对统一的规定。泵站管理单位共制定各类标准442项,水闸管理单位共制定各类标准460项。

5. 规范管理作业流程

对典型性、规律性、重复性强的工作积极推行流程化管理,加强过程控制。针对控制运用、工程检查、工程评级、工程观测、维修养护、安全生产、制度管理、档案资料管理和水政管理等工作,编制工作流程图,泵站管理单位累计编制各类流程102项,水闸管理单位累计编制各类流程164项。对控制运用、工程检查、设备评级、工程观测、维修养护和主机组大修等典型工作,组织编制相应的作业指导书,明确工作内容、标准要求、方法步骤、工作流程、注意事项、资料格式等,更加有效指导和规范具体工作,确保各专项工作从开始到结束的全过程闭环式管理。泵站管理单位累计编写作业指导书24本,水闸管理单位累计编写作业指导书48本。同时,对工作行为和过程控制相对固化,避免因管理人员业务能力、责任意识等方面的差异对工作结果产生较大的影响,更好地指导和规范各专项工作的有效开展。

6. 打造信息管理平台

将水利信息化作为提高工程管理水平、提升工程运行效能、促进精细化落地的重要举措,制定信息化发展规划,不断完善工程监控体系,打造构建精细化管理信息平台。

通过新建、升级改造工程监控(监测)系统,实现4座泵站、1座变电所、12座大中型水闸等工程监控(监测)全覆盖,形成1个集中监控中心、3个水闸(万福、邵仙、宜陵)分中心的总体架构;初步构建涵盖工程监控、运行调度、工程管理、河湖管理、水文信息、科技档案、门户网站及办公自动化等功能的综合信息化平台。研发工程管理综合信息展示查询系统,整合各信息资源,集成各应用系统,展示实时工况、调度运行、检查监测、水政执法、单位动态等综合信息。

开发"智慧源头"APP移动平台,初步实现工程管理及日常重要信息的移动查询。同时,研发构建"7+2+1"架构的精细化管理平台,主要包括综合事务、生产运行、检查观测、设备设施、安全管理、项目管理、水政管理等7个基本管理模块,另有管理驾驶舱(系统首页)、后台管理等2个辅助模块和1个移动客户端,力求以信息化促进精细化落地生根。

7. 强化管理效能考核

提高执行力是保证精细化管理取得实效的关键。制定岗位行为规范,提升干部职工职业道德水平;开展定员定岗定职责,全面梳理各单位(部门)工作岗位、职责和领导分工,结合工作实际,编制岗位说明书、岗位设置汇总表,厘清工作边界,明确职责分工。

在完善目标管理体系的基础上,着力健全精细化考核评价机制。按照精细化管理要求,完善考核办法,量化考核细则,逐级分解落实责任,采用"一年四考、一考三评"考核方式,通过自评、他评、考核小组综合评价,将考核结果与奖惩挂钩,强化过程控制,做到目标明确、任务具体、责任到位、奖惩有据。

管理处出台的《江都水利枢纽工程精细化管理考核办法与标准》,分类细化考核指标,规范程序方法,强化日常检查,督导个性化考核。

8. 开展精细化管理模式研究

联合开展水利工程精细化管理模式研究,研究确立水利工程精细化管理的理论基础。针对水利工程管理特点和相关要求,提出水利工程精细化管理模式包含的主要任务、管理内涵、主要内容以及推进措施,力促推进措施系统化、管理任务清单化、管理要求标准化、过程控制流程化、技术手段信息化,具有较强的针对性、适用性。

基于江都水利工程管理处的工程实践,结合理论和实践研究,从精细化管理理念、精细化管理探索实践、精细化管理内容、精细化管理手段等方面分析总结精细化管理经验与模式,为形成可复制、可推广的精细化管理模式提供参考。

8.1.3 水利工程精细化管理模式经验总结

水利工程精细化管理开始在江苏省江都水利工程管理处先行探索,各水管单位边探索、边总结、边推广,理清了精细化管理该做什么、怎么做的问题,取得了看得见、摸得着的成效,实践证明,推进水利工程精细化管理方向是正确的、方法是可行的、成效是显著的。

1. 借鉴先进管理思想,探索精细化管理模式

精细化管理是一种先进的、可行的、有效的管理思想,是现代化管理不断发展的产物,符合近现代"分工理论""科学管理理论""质量管理理论""精益生产思想""系统论"等众多管理理论,体现了以技术标准为基础,科学管理、统一指挥、分工协作、整合资源、注重质量、提高效率等现代管理思想。将精细化管理的理论运用到水利工程的运行管理中,以精细化管理理论指导工程运行管理工作实践,是用先进的科学理论指导水利工程管理的有益探索。

在我国迈向第二个百年目标的新发展阶段,水利对经济社会发展和现代化建设的重要支撑和保障作用更加凸显,作为承担着水旱灾害防御、水资源供给、水生态改善等职责的水利工程管理单位,应深刻认识到肩负的重任,主动适应时代发展要求,把水利工程管理作为"第一要务",以安全效益为根本,以管理创新为动力,探索符合水利现代化要求的精细化管理模式,构建更加科学高效的工程管理体系,促进水利工程管理由粗放到规范、由规范向精细、由传统经验型向现代科学型管理转变,推动水利工程管理体系和管理能力的现代化建设。

2. 基于良好管理基础,构建精细化管理体系

基于水利行业工作性质和特点,根据水管单位的实际需求,突破工程管理传统思维定式,贯彻精细化管理的理念,借鉴其科学的方法,在多年规范化、制度化管理的基础上进行完善、提升和发扬,把精细化管理作为水利工程规范化管理的"升级版"、水利工程安全运行的"总阀门"、水利工程管理向现代化迈进的"推进器",积极探索水利工程管理模式迭代升级的新思路、新方法、新路径。

贯彻"精、准、细、严"的核心思想,以专业化、系统化、标准化、信息化为基本方法,统筹水利工程管理考核、安全生产标准化建设等工作要求,加强方案设计,开展专题研究,构建理论体系,确立水利工程精细化管理的基本模式、工作体系、实施路径,重点从管理任务、管理标准、管理制度、管理流程、管理评价和管理平台等多方位系统推进,细化目标任务,健全管理制度,明晰工作标准,规范作业流程,开展考核评价,构建信息平台,初步构建水利工程精细化管理体系,为全面有效推进精细化管理提供指导。

3. 持续总结探索实践,提高精细化管理成效

按照"先易后难、以点带面"的原则,选择在基础条件相对较好的管理单位进行试点。试点工作以业务管理为主,先从制度标准修订补充、标志标牌更新完善等相对易实施、见效快的工作开始,同时,结合各单位的工作实际,组织编写工作任务清单、专项工作作业指导书,以此来指导和规范管理工作。在试点取得成功经验的基础上,在其他管理单位进行推广,精细化管理的成效日益显现。

按照实践、总结、实践的思路,基于先期部分单位的探索经验,进行分析总结,使得水管单位对水利工程精细化管理的认识不断提高,对推进的思路和方法更加清晰,不断完善推进措施和工作方案,并以此来指导精细化管理深化推广工作。典型单位的先行探索实践,加之课题研究和经验总结,为《江苏省水利工程精细化管理指导意见》和《江苏省水利工程精细化管理评价办法》及评价标准的制定出台以及《江苏水利工程精细化管理丛书》的编写出版奠定了良好基础。2020 年底,江苏省江都水利工程管理处和一批省属水利工程管理单位率先通过精细化管理单位验收,为精细化管理在全省水管单位全面推广提供了典型示范。

8.2 水利工程精细化管理成效

8.2.1 精细化管理实施总体成效

2016 年江苏省实施水利工程精细化管理以来,主要在以下几方面取得了明显成效。

(1) 提升管理能力水平

精细化管理首先体现的是管理理念,有助于水管单位人员从被动完成工作到主动解决工作问题,形成良好的管理思维和习惯。精细化管理坚持注重细节、立足专业、科学量化的原则,以"精、准、细、严"为基本特征,通过明确细化运行管理各项任务,强化岗位职责和规章制度的落实,提升培育员工职业素质,加强单位内部控制,强化链接协作管理,促进管理水平全面提档升级,从而提升运行管理整体效能。

(2) 提高管理工作效率

在常规管理的基础上,坚持科学管理,健全水利工程管理制度,完善水利工程管理机制,最大限度地降低管理成本,提高管理效率,并提升管理服务能力,实现水利工程管理质量、工作效率以及水利工程运行效益的全面提升。

(3) 铸牢了水利工程安全运行的"总阀门"

精细化管理强调规则意识,对每项管理行为、每个管理环节都定标准、定规矩,做到"有章可循""按章操作",从而保证水利工程安全运行。安全管控贯穿精细化管理的全过程,通过建立安全责任制,划分安全责任,加强安全考核,各级齐抓共管、员工共同

参与,将每一个人的行为都纳入安全管理系统中,时时刻刻提醒个人注意安全,防止不安全行为的发生,形成规范的安全生产体系,全面提升管理人员对安全管理的重视程度,把安全管理落实到位。

(4)"工匠精神"深入人心

"工匠精神"是中国建筑工程的传统,是中国古代管理思想的基本特征。精细化管理的基本特征是"精、准、细、严",即精确的工作目标、准确的工作流程、细致的工作态度、严格的工作要求。水利工程管理要在精字上着力、细字上用心,区分管理类型,落实管理清单,分解管理环节,明确管理职责,规范管理行为,在不同类型工程、不同管理岗位上体现精细管理、精益求精。

(5)人才培养绩效卓越

水管单位有全国水利技能大奖、全国水利行业首席技师、绿色生态工匠、全国水利行业职业技能竞赛获奖选手;获得省级奖项及荣誉称号,包括江苏省五一劳动奖章、江苏工匠、江苏省有突出贡献的中青年专家、江苏省五一创新能手、江苏省技术能手、江苏水利十大工匠、工匠工作室。

对全省61家精细化单位,共计172座工程,实施精细化管理前后进行对比,61家水利工程管理单位实施工程精细化管理后管理成果数量都有明显增加,从管理任务、工作标准、管理制度、操作流程、作业指导书在精细化管理实施前后的对比中,各单位各项管理成果增量总和为7979项,其中,工作标准增量最大,为2350项,其次为操作流程,为1966项,管理制度为1867项,管理细则为152项,作业指导书361项。

8.2.2 精细化管理实施总体效益

1. 经济效益

江苏水利系统自2015年推行精细化管理以来,大多数水利枢纽实现了精细管理、精密监测、精准调度,工程设备得到及时维护,提高了设备的完好率,延长了工程设备的使用寿命,工程调度的精准性大幅提升,工作的规范性和工作效率显著提高。采用典型工程调查统计法,对省江都水利工程管理处、秦淮河水利工程管理处、泰州引江河工程管理处等8家单位进行统计,共计节约维修养护、人力、电费等运行成本超6800万元,直接和间接产生通航、发电等收入约6500万元,取得了较好的经济效益。

2. 社会效益

江苏省内水利工程得到及时维护,机电设备能随时投入使用,建筑物安全完好,确保了工程运行安全,产生了巨大的社会效益。8年来累计增加送水246.64亿 m³,累计泄水量达2213.17亿 m³,作为人民生命财产安全的"防火墙",充分发挥大型工程效益。此外,江苏水利工程实现节能10%左右,节能减排效果显著,为沿线水体及灌溉总渠提供充足水源,保障了经济大动脉的畅通。

通过定期督查整改、维修养护和除险加固,以及常态化准确精密的安全鉴定、工程运行参数监测等,提高了工程运行安全度,对工程的实际工况做到"心中有数",妥善解决了水利工程长时间运行、疲劳运行和非设计工况运行等问题,实现了工程无一"停摆"、无一失事。工程安全运行管理水平显著提高,设备故障率大幅降低,工程设备完好率接近 100%。工程及时执行调度指令,工程设备随时投入使用,保证了防洪工程的安全,全省水利工程防御水旱灾害效益显著。

3. 生态效益

各大枢纽及时开机调水,有效缓解了相关地区的旱情,改善了生态环境、航运和水产养殖条件。湖泊湖荡生源要素严重富集、生态系统退化、水生高等植物严重退化和湖泊富营养化等问题得到有效改善,冬春季节通南高沙土地区主要河道监测断面水质标准从Ⅴ类及以下提升到Ⅴ类及以上。江苏水利工程应用精细化管理后,为沿线水体提供充足水源,复苏了河湖生态环境,产生了巨大的生态效益。

8.3 水利工程精细化管理获得各界肯定

8.3.1 获得中国质量奖提名奖

2021 年 9 月,国家市场监督管理总局印发《市场监管总局关于第四届中国质量奖授奖的决定》(国市监质发〔2021〕56 号),对江苏省江都水利工程管理处(水利枢纽"精细化"质量管理模式)授予第四届中国质量奖提名奖(图 8-2)。江苏省及扬州市分别下达专项奖金 200 万元、100 万元,配套奖励江苏省江都水利工程管理处。

图 8-2 中国质量奖提名奖

市场监管总局会同发展改革委、科技部、工业和信息化部、农业农村部、商务部等有关部门,中央军委装备发展部以及有关科研院所、社会团体等联合成立中国质量奖评选表彰委员会,组织开展第四届中国质量奖评选表彰工作。

市场监管总局希望获奖组织"要充分发挥标杆示范作用,对标国际先进水平,牵引所在产业、地区质量共同提升"。以水利枢纽"精细化"质量管理模式获奖的江苏省江都水利工程管理处,肩负着水利行业水利工程管理标杆示范任务。

8.3.2 获得水利部充分肯定

2015年起,江苏省创新管理模式,开展了水利工程精细化管理探索试点、理论研究,并在全省范围全面推动实施,取得了显著的成效。江苏精细化管理工作得到了水利部领导的充分肯定,省水利厅分管领导分别在2019年、2021年全国水利工程运行管理会议上作为典型代表进行交流发言。

江苏省大力推行水利工程精细化管理,打造"标准化管理的升级版",形成更高标准、更为系统的管理体系,水利工程管理水平处于全国前列。江苏省精细化管理工作为全国水利工程标准化管理提供了有益借鉴,发挥了良好示范作用。

8.3.3 获得同行专家高度评价

2022年8月,江苏省水利学会组织召开"水利工程精细化管理理论体系及关键技术研究与示范应用"项目成果现场评价会。专家组认为,该项目在江苏多年水利工程依法管理、规范管理的基础上,开展了水利工程精细化管理内涵、目标、理论体系研究,探索了水利工程精密监测、精准调度、安全评价、实施策略的技术方法和实践路径,研究了管理绩效评价体系,开发了符合精细化管理理念的信息化平台集成技术并示范应用。项目构建了水利工程精细化管理理论体系,首次提出了水利工程精细化管理实施体系,创建了水利工程精细化管理的核心技术体系,成果整体达到了国际领先水平。

2023年,"水利工程精细化管理理论体系及关键技术研究与示范应用"项目荣获江苏省水利科技进步一等奖。

附录 A

江苏省水利工程精细化管理指导意见

（江苏省水利厅苏水管〔2016〕39 号）

水利工程是国民经济和社会发展的重要基础设施。多年来,我省水利工程管理工作以规范化、法治化、现代化为引领,积极推行水利工程管理考核工作,初步建立了较为系统、规范的工程管理体系。水利工程在水安全保障、水资源供给、水环境保护和水生态文明建设等方面发挥了重要作用,为全省经济和社会发展提供了强有力的支撑和保障。为顺应我省经济社会发展和水利现代化建设,"十三五"期间水利工程管理要在强化水利工程依法管理、规范管理的基础上,结合我省实际积极推进管理创新,着力推行水利工程精细化管理,促进水利工程管理水平提档升级,更好地发挥水利工程综合效益。

一、总体要求

水利工程精细化管理是在规范化管理基础上,通过完善具体制度、明晰执行标准、规范操作流程,提高执行力和工作效率,是确保水利工程安全运行、实现水利工程管理现代化的重要手段。

（一）指导思想。按照全面提升全省水利工程管理水平,积极服务经济社会发展要求,把精细化管理作为水利工程规范化管理的"升级版"、水利工程安全运行的"总阀"、水利工程管理的更高目标追求,探索符合水利现代化要求的精细化管理模式,构建更加科学高效的工程管理体系,促进水利工程管理由粗放到规范、由规范向精细、由传统经验管理向现代科学管理转变,加快推进水利工程管理现代化进程。

（二）基本原则。1. 理念先导。以精细化管理理念为先导,从思想认识上转变工程管理传统思维模式,以专业化为前提、系统化为保证、数据化为标准、信息化为手段,用精益求精的管理要求,精准高效的管理手段加强水利工程管理工作。2. 立足实际。基于水利工程管理工作性质和特点,根据本地区、本单位实际,践行精细化管理理念,采用科学的方法,在规范化管理基础上进一步完善、提升,保证精细化管理工作有序推进、取得实效。3. 典型示范。坚持突出重点、树立典型,从综合条件较好、工程重要、具有代表性的管理单位先行先试,总结成果,积累经验,完善方案,为全面推广提供示范和借鉴。4. 永续渐进。按照永续渐进、不断提高的要求,把精细化管理的理念、方法长期贯穿于工作之中,从易到难、由浅入深,持续改进和创新,促进工程管理水平不断提升。

（三）阶段目标。按照江苏水利工程管理现代化目标，"十三五"期间，水利工程精细化管理首先在江苏省水利厅直属水利工程管理单位和国家级水利工程管理单位普遍推行，其他有条件的水利工程管理单位积极参与。通过推行水利工程精细化管理，实现工程管理制度更加完善，管理标准更加明确，过程控制更加规范，激励机制更加有效，初步建立与江苏水利现代化相适应的水利工程管理新模式，管理水平显著提升，服务能力不断增强。

二、重点任务

各地、各水利工程管理单位要结合实际，将精细化管理与工作实践紧密结合，制定精细化管理目标任务和推进措施。现阶段应结合水利工程管理考核要求，着力从管理制度、管理标准、管理流程、管理考核等方面，积极探索实践，积累工作经验，不断完善提高。

（一）健全管理制度体系。依据水利工程管理法规、标准和有关规定，结合本单位、本工程实际情况，对工程管理实施细则进行修订，作为管理工作的重要依据。健全水利工程管理规章制度并进行修订完善，提高可操作性。加大水利工程管理细则、规章制度的执行力，注重执行效果的监督评估和总结提高。通过健全工程管理制度体系，使得管理内容更完整、管理目标更清晰、管理任务更明确、管理要求更具体。

（二）明晰管理工作标准。根据工程类型和特点，按照水利工程管理相关规定，对建筑物及机电设备管护、控制运用、安全生产、经费使用、工作场所管理、环境绿化管护、标识标牌设置等，制定相应的工作标准。对各类管理资料、技术图表等制定详细清单和相对统一的格式，并规定明示的内容、格式和位置。参照有关技术标准，在建筑物、机电设备、管理设施、工作场所等设置必要的标志、标牌，规范各类安全警示标牌、管理范围界桩、工作提示标牌以及机电设备的标识、编号等指示。逐步建立系统、全面、规范、量化的管理标准体系。

（三）规范管理作业流程。对典型性、规律性强的工作，推行流程化管理，加强过程控制。重点针对工程控制运用、工程检查、设备评级、工程观测、维修养护和经费管理等专项工作，编制相应的作业指导书，明确工作内容、标准要求、方法步骤、工作流程、注意事项、资料格式等，用于指导专项工作从开始到结束的全流程管理，对工作行为和过程控制相对固化，避免因管理人员业务能力、责任意识等方面的差异对工作结果的影响，更好地指导和规范专项工作的有效开展。积极借助信息化管理手段，促进工程管理精细化。加快工程管理信息化建设，将精细化管理相关要求植入信息化管理系统中，通过信息技术强化过程控制。

（四）强化管理效能考核。提高执行力是保证精细化管理取得实效的关键。应建立完善的目标管理考核制度，坚持单位工作效能考核与个人工作绩效考核相结合，形成常态化的工作业绩考评机制，落实奖惩激励措施。要完善管理岗位设置，明确岗位工作职责、岗位工作标准和考核要求,将管理责任具体化,确保精细化管理有序、高效、持续地推进。

三、保障措施

各级水行政主管部门和各水利工程管理单位,要高度重视精细化管理工作,加强领导、科学谋划、精心组织、强化考核,确保精细化管理工作扎实有序推进。

（一）精心组织,强化考核。要建立推进精细化管理组织机构,制订推进精细化管理的工作计划、实施步骤,落实工作责任,督促指导精细化管理工作有序推进。要大力宣传新时期水利工程管理的新理念、新要求、新思路,增强全员对推进精细化管理必要性、重要性的认识,开展精细化管理专题培训,不断提高管理队伍综合素质。要加强对推进精细化管理工作考核评价,逐步将精细化管理的理念和要求体现到水利工程管理考核达标、单位工作目标管理、年度现代化目标管理等考核标准之中,通过有效的考核激励措施,使精细化管理真正融入水利工程管理的各个方面,构建水利工程管理的新模式。

（二）开展试点,树立典型。江苏省水利厅直属各水利工程管理单位要全面推进精细化管理,为全省水利工程精细化管理提供做法和经验。各市、县（区）水利工程单位要结合现阶段工程管理状况和今后一段时期管理工作规划,有重点、分阶段推进精细化管理。按照"先易后难、以点带面"的原则,选择管理水平较高、基础条件较好的水管单位先行先试,逐步推广。通过培育树立精细化管理典型单位,为全省和当地水利工程推进精细化管理积累经验、提供示范。

（三）总结提高,不断推广。要结合试点和实施情况,加强对推进精细化管理工作的总结和实际成效的评估,注重单位之间、地区之间的学习交流,互相借鉴成功经验和做法,完善精细化管理实施方案,改进工作方法。要不断拓展精细化管理内涵,延伸精细化管理范围,将精细化管理推广到工程管理单位的各个方面,逐步实现管理内容的全覆盖,促进水利工程管理水平全面提升。

附录 B

江苏省水利工程精细化管理评价办法(试行)

（江苏省水利厅苏水运管〔2019〕8 号）

第一条　为全面推进全省水利工程精细化管理工作,科学评价精细化管理水平,促进水利工程管理在规范化基础上提档升级,根据《江苏省水利厅关于印发〈江苏省水利工程精细化管理指导意见〉的通知》(苏水管〔2016〕39 号),特制订本办法。

第二条　本办法适用于江苏省境内大中型水库、水闸、泵站和三级以上河道堤防的水利工程管理单位,其它水利工程管理单位可参照执行。

第三条　水利工程精细化管理评价内容包括管理任务、管理标准、管理流程、管理制度、内部考核、管理成效等六个方面。

第四条　水利工程精细化管理按照分级管理原则进行评价验收,市(县)所属管理单位精细化管理工作由设区市水行政主管部门组织评价验收,并接受江苏省水利厅检查监督;省水利厅直属管理单位精细化管理工作由省水利厅或其委托单位组织评价验收。

第五条　水利工程精细化管理评价实行 1 000 分制,其中:管理任务评价 150 分,管理标准评价 120 分,管理流程评价 180 分,管理制度评价 100 分,内部考核评价 100 分,管理成效评价 350 分。管理单位和各级水行政主管部门依据评价标准进行赋分。

第六条　水利工程精细化管理评价总分达到 850 分,且其中各大类得分率不低于 80%,可通过验收。

第七条　申请验收的管理单位应具备以下基本要求:

1. 工程通过竣工验收,设施完好,无重大安全隐患;

2. 通过省级及以上水利工程管理单位考核验收;

3. 制定了精细化管理方案和年度目标计划;按计划实施了细化任务、落实责任、明晰标准、规范流程、完善制度和加强考核等精细化管理相关工作;精细化管理工作成效显著。

第八条　管理单位应积极开展水利工程精细化管理工作,自评结果符合验收条件的,可向上级主管部门申请验收。

第九条　水利工程精细化管理评价验收程序:

1. 验收组织单位成立专家组,负责水利工程精细化管理评价工作;

2. 评价工作主要包括:听取管理单位工作汇报,现场实地考察,查阅有关文件资

料,专家质询、讨论、赋分等;

3. 专家组根据相关资料和现场考察情况,对申报单位精细化管理工作进行综合评价,提出存在问题和整改意见,出具评价报告,提出能否通过水利工程精细化管理验收的建议;

4. 验收组织单位将评价报告报省水利厅,在江苏水利网公示 7 天且无异议后,由省水利厅批准公布。

第十条　对通过水利工程精细化管理验收的管理单位,各级水行政主管部门应结合省级水利工程管理单位复核和年度考核时进行检查。

第十一条　通过水利工程精细化管理验收的管理单位,凡出现以下情况之一的,予以取消。

1. 精细化管理成效差;

2. 被取消省级及以上水利工程管理单位资格;

3. 发生较大及以上安全生产责任事故;

4. 发生其他造成社会不良影响的重大事件。

第十二条　本办法由省水利厅负责解释。

第十三条　本办法自发布之日起试行。

参考文献

［1］王丽静.基于精细化管理思想的企业培训体系构建研究［J］.科技管理研究,2011,31(14):141-144.

［2］罗瑜.精细化管理理念下职业教育"工学结合"教学管理的实践与探索［D］.苏州:苏州大学,2017.

［3］李越恒,张彦忠.基于精细化管理理论的高校创新创业教育实施路径［J］.教育与职业,2017(3):64-68.

［4］陈钰博.Z建筑企业精细化管理对策的研究［D］.武汉:华中师范大学,2016.

［5］高玲,潘郁,潘芳.基于精益价值链的建筑企业精益成本管理研究［J］.会计之友,2016(17):100-103.

［6］陈昌仁,周和平,陆美凝,等.关于水利工程精细化管理的几点思考［J］.江苏水利,2020(4):63-67.

［7］张劲松.擘画新规划　启航新征程　奋力谱写新时代水利工程运行管理工作新篇章［J］.江苏水利,2021(S1):5-9.

［8］李丽,寇忠泰,彭桂云,等.怀柔区实施水利工程精细化管理途径的分析［J］.北京水务,2017(5):59-62.

［9］葛铭坤.平原河网水利工程精细化管理研究［J］.珠江水运,2020(7):15-16.

［10］刘贝.洞庭湖区堤防工程精细化管理模式及应用［J］.水利技术监督,2021(6):93-96.

［11］聂玉帅.基层水管单位精细化管理探讨［J］.河南水利与南水北调,2021,50(2):89-90.

［12］杨华义,陈伟.基于水利工程管理现代化与精细化建设方案的研究［J］.新型工业化,2021,11(8):57-59.

［13］曹萍,张剑,陈福集.软件产业安全评价指标体系研究［J］.管理现代化,2014,34(5):31-33.

［14］陈东升.基于DPSIR-SVM的油气生产企业安全绩效考核模型研究［D］.成都:西南石油大学,2012.

［15］章运超,王家生,朱孔贤,等.基于TOPSIS模型的河长制绩效评价研究——以江苏省为例［J］.人民长江,2020,51(1):237-242.

［16］朱记伟,王江瑞,刘阳阳.基于COWA-灰色定权聚类法的城市河流生态治理项目运营期绩效评价［J］.水资源与水工程学报,2021,32(1):14-21.

［17］黄进功.精细化管理在水利工程中的运用浅谈［J］.中外企业家,2020(7):126-127.

［18］方国华,黄显峰,杨子桐,等.水利工程运行管理技术标准体系建设与对策分析［J］.江苏水利,

2020(10):45-49.

［19］韩强兵. 从基层开始,推动"数字水利"向"智慧水利"转变[J]. 信息化建设,2018(1):55-57.

［20］蔡阳. 水利信息化"十三五"发展应着力解决的几个问题[J]. 水利信息化,2016(1):1-5.

［21］蒋云钟,冶运涛,赵红莉,等. 水利大数据研究现状与展望[J]. 水力发电学报,2020,39(10):
1-32.

［22］李涛,张春,孟繁渠,等. 智慧水务技术在河道精细化管理中的应用[J]. 江苏水利,2020(6).

［23］周开欣. 智慧水利在江都水利枢纽的应用案例[D]. 扬州:扬州大学,2021.

［24］葛忆,周贵宝,邵园园,等. 江苏水库基本特征分析[J]. 江苏水利,2018(7):69-72.

［25］刘伟苹,陈海峰. 水资源调配水利工程空间分布及规模分异研究[J]. 上海国土资源,2016,37
(2):79-83.

［26］周贵宝,葛忆,陆范彪. 江苏水库管理的经验与思考[J]. 中国水利,2018(20):63-65.

［27］王荆,张清明,汪自力. 典型水闸工程管理现状差异性调查分析[J]. 水利建设与管理,2021,
41(8):36-40.

［28］张清明,王荆,汪自力,等. 我国典型堤防工程管理现状调查分析[J]. 中国水利,2020(10):36-
38.

［29］王爱真. 社会技术系统理论在舰船设计中的应用研究[D]. 镇江:江苏科技大学,2008.

［30］张楠,张学峰,姚晓军. 航空装备维修保障精细化管理理论研究与创新实践[M]. 北京:国防工
业出版社,2014.

［31］武姣. 管理学人性假设逻辑演进[J]. 中国科技投资,2013(17):208-209.

［32］张卓. 管理制度观:"经济人"假设的逻辑镜像[J]. 行政论坛,2015,22(5):92-95.

［33］刘战,解学文. 综合人假设:人性假设理论的新阶段[J]. 东岳论丛,2015,36(3):148-152.

［34］杨学军,苟小东. 不同人性假设对提高管理绩效的意义[J]. 西北农林科技大学学报(社会科学
版),2005,5(5):86-88＋98.

［35］肖焰. "组织人"假设的核心和理论逻辑研究——一个组织行为学观点[J]. 技术经济与管理研
究,2018(10):45-49.

［36］雷斌. EPC模式下总承包商精细化管理体系构建研究[D]. 重庆:重庆交通大学,2013.

［37］张训望. 低碳理念下工程项目精细化管理评价研究[D]. 天津:天津大学,2020.

［38］陈一远. 制度的有效性及其影响因素研究[D]. 济南:山东大学,2016.

［39］W. 理查德. 斯格特. 组织理论[M]. 黄洋,等,译. 北京:华夏出版社,2002.

［40］李春田. 标准化概论[M]. 第五版. 北京:中国人民大学出版社,2010.

［41］国家标准化管理委员会. 标准化工作手册[M]. 第二版. 北京:中国标准出版社,2004.

［42］师宏耕,贾成武,鲍智文. 航天精细化质量管理[M]. 北京:中国宇航出版社,2020.

［43］柯俊. 温州市水利工程标准化管理创建的实践[J]. 浙江水利科技,2016,44(5):24-26.

［44］陈龙. 浙江省水利工程标准化管理的探索实践[J]. 中国水利,2017(6):15-32.

［45］李怀忠,刘晓俊,李爱云. 水利工程自动化系统的理论与实践[M]. 北京:中国水利水电出版
社,2013.

自 2012 年江苏省提出水利工程精细化管理方案以来,水利工程精细化管理作为新的管理理念、管理模式,显示了强大的生命力,逐步得到了全省水利行业的广泛认同和积极实践。2016 年江苏省印发精细化管理指导意见,2019 年开始精细化管理评价,有力促进了全省水利工程管理水平的提升。精细化管理成为江苏水利工程管理的响亮品牌,在全国水利系统内得到了广泛好评。

基于江苏省水利工程精细化管理的长期实践探索,我牵头实施了"水利工程精细化管理理论体系及关键技术研究及示范项目",取得了系列的研究成果。其中授权发明专利 4 项,出版专著 12 部,发布技术标准 5 部,软著权 8 项,在省内外 100 多座大中型水利工程得到推广应用,项目获得了 2022 年度江苏省水利科技进步一等奖。

本书吸收了全省水利工程精细化管理 10 多年实践和研究的成果,系统阐述了精细化管理的理论基础、水利工程的管理需求和精细化管理的理论体系、技术要点,通过典型案例和模型评价分析了水利工程精细化管理的实践成效。

本书于 2022 年 10 月形成初稿,2023 年 2 月基本定稿。在此,感谢江苏省水利厅运行管理处、河海大学、江苏省江都水利工程管理处等单位的大力支持,同时必须感谢从事水利工程精细化管理的领导、专家和同志们的实践探索。

张劲松